Osprey Aircraft of the Aces

FW190 Aces of the Russian Front

John Weal

[日本語版監修] 渡辺洋二

大日本絵画

Osprey Aircraft of the Aces
オスプレイ・ミリタリー・シリーズ

世界の戦闘機エース
9

ロシア戦線の
フォッケウルフFw190エース

［著者］
ジョン・ウィール
［訳者］
阿部孝一郎

カバー・イラスト／イアン・ワイリー　　フィギュア・イラスト／マイク・チャペル
カラー塗装図／ジョン・ウィール　　スケール・イラスト／マーク・スタイリング
カラー塗装図解説／ジョン・ウィール

カバー・イラスト解説
雪で覆われた大地をかすめて飛ぶIℓ-2のエンジンへ必殺の一撃を加えた第54戦闘航空団第1中隊長のヴァルター・ノヴォトニー少尉が、次のシュトゥルモヴィクへ攻撃の矛先を向ける。これは1943年2月のクラスノグヴァルデーイスク近くの、雪を被った平原における情景である。東部戦線配備後最初の冬、フォッケウルフFw190A-4は、ノヴォトニーほどの力量をもつエクスペルテの手にかかると恐るべき威力の兵器となり、ソ連機パイロットに強烈な印象を与えた。

凡例
■ドイツ空軍の航空組織については以下のような日本語呼称を与えた。
Luftflotte→航空艦隊
Geschwader→航空団
Gruppe→飛行隊
Staffel→中隊
このうち、本書に登場する主な航空団に以下の日本語呼称を与え、必要に応じて略称を用いている。また、ドイツ空軍では航空軍団と飛行隊の番号にローマ数字を用いており、本書もこれにならっている。
Jagdgeschwader (JGと略称)→戦闘航空団
Lehrgeschwader (LGと略称)→教導航空団
Stukageschwader (St.G.と略称)→急降下爆撃航空団
Schnellkampfgeschwader (SKGと略称)→高速爆撃航空団
Schlachtgeschwader (Sch.G.、SGと略称)→地上攻撃航空団
Ergänzungs-Jagdgeschwader (EJGと略称)→転換訓練戦闘航空団
■搭載火器について、ドイツ軍は口径20㎜までを機関銃(MG)、それより口径の大きなものを機関砲(MK)と呼んだが、本書では便宜上、ドイツ以外の各国についても20㎜以上を機関砲と表記した。
■訳者注、日本語版編集部注、監修者注は〔　〕内に記した。

翻訳にあたっては「Osprey Aircraft of the Aces 6　FW109 Aces of the Russian Front」の1998年に刊行された版を底本としました。〔編集部〕

目次 contents

頁	章	タイトル
6	1章	「全員退場」（ト書き） 'exeunt omnes'
8	2章	新鋭機への習熟 familiaraisation
13	3章	前線の第51戦闘航空団 JG51 in combat
18	4章	第54戦闘航空団「緑のハート」登場（ト書き） JG54 – enter the 'GREEN HEARTS'
32	5章	ふたつの航空団 …and others
35	6章	ツィタデレ――クルスク会戦 zitadelle
39	7章	地上攻撃部隊 schlachtflieger
68	8章	第51戦闘航空団、Bf109に再転換 JG51 reverts to type…
72	9章	それでも困難に立ち向かう「緑のハート」 …but the 'GREEN HEARTS' solder on
83	10章	少なすぎて、遅すぎて too little, too late
87	11章	「終幕」（ト書き） 'fins'

頁		
93		付録 appendices
50		カラー塗装図 colour plates
94		カラー塗装図解説
66		パイロットの軍装 figure plates
102		パイロットの軍装解説

chapter 1
「全員退場」(ト書き)
'exeunt omnes'

　1945年5月8日火曜日、ヨーロッパにおける第二次世界大戦の最終日は、バルト海中部にゆっくりと昇る朝日とともに快晴の夜明けを迎えた。遡ること約6年、ドイツ空軍がポーランドに対し大戦の火蓋を切った時、陸地と海に低く垂れこめていた早朝の靄は、この日は痕跡さえもなかった。
　クーアランド(クールランド)半島の沿岸航路上を、朝日を浴びて北上しながら単機で飛行中のソ連海軍3座偵察機の機内では、リバウとヴィンダウの沿岸で編成されたドイツのいくつかの大規模な(それぞれが最大60隻の雑多な海軍小艦艇と少数の旅客船から成る)輸送船団の、すべてではないにしても大部分の所在を確認し、報告できるだろうと思っていた。海上のそうした艦船は、進撃しつつあるソ連軍から逃れ、ドイツ軍の手中にまだ残されている半島のふたつの港を目指して避難してきた、数万もの軍人と民間人を可能な限り多く救出しようという絶望的な試みのあらわれであった。いったん船団を発見すれば、あとは赤旗バルト海艦隊所属の急降下爆撃機・雷撃機飛行隊の仕事である。そう多くはない艦船がソ連軍の攻撃から辛くも逃れ、鈴なりの人員を乗せてキール港や、いまやイギリス軍が占領しているシュレスヴィヒ=ホルシュタイン沿岸のような聖域を目指し、西に向かった。
　しかし海面の捜索に没頭していた3名のソ連機搭乗員は、右手に昇りつつ

1943年初頭にシヴェルスカヤでBf109Gと並んで写る新品のFw190A-4。黒いつなぎ服を着た整備兵が機首上部のMG17 7.92㎜2連装機関銃を点検するため、キャノピー直前のカバーは後方に跳ね上げられている。前線部隊に配備されて数週間しか経っていないが、すでにカウリングと排気管の周囲で白い水性塗料がひどく汚れている。

1942年末以降、多くのソ連軍機搭乗員が母なるロシア大地の最後の光景に、この正面からの不吉なシルエットを目にした。カメラマンは、ドイツ空軍のFw189に搭乗して1943年半ばにこのすばらしい写真を撮影した。

ある太陽の中心に現れたきわめて小さなふたつの黒いシミに気付かなかった。数秒後、そのふたつのシミに翼が生え、まぎれもない空冷戦闘機の正面からのシルエットに変化すると、ソ連軍のハンターは一転して狩りたてられる立場に置かれた。先頭の戦闘機が最大限の遠距離から一連射を浴びせてきた。ソ連機のパイロットは急降下する代わりに、速度を上げて逃れようとした。だがすぐに致命的誤りを犯したことを悟った。二度目の機関砲連射で右エンジンに被弾。そこでようやくパイロットは海面すれすれまで降下し、なんとか逃れようとする。波頭からわずか2m程の超低空を飛び、観測員と後部射手が機関銃弾を雨あられとばかりに撃ちまくるあいだ、濃緑色に塗られたペトリャコーフ偵察機は右に左に回避しつつ安全な陸地を目指した。しかし、朝日を浴びキラリと照り輝く波頭のしぶきがひとつ、無事だった片方のエンジンにからみつき、どんな飛行機雲にも劣らず正確にソ連機の新しい方位を知らせた。先頭の戦闘機が再度降下して攻撃し、ソ連機を海に叩き落とした。そのPe-2はともにソビエト連邦英雄章の受賞者であったパイロットのグリゴーリイ・ダヴィチェーンコ少佐と観測員のグラシチェフ少佐の両名、そして氏名不詳の後部射手を乗せたまま大きな水柱を立て、海中に没した。

　2機の戦闘機、第54戦闘航空団第Ⅱ飛行隊(Ⅱ./JG54)のフォッケウルフFw190A-8は、西方のキールとイギリス軍占領地区を目指した針路に戻っていった。不運なペトリャコーフ偵察機は第54戦闘航空団があげた9500機近い撃墜戦果の最後を飾る1機というだけでなく、疑いもなく第二次世界大戦においてドイツ空軍が撃墜した最後の敵機のうちの1機であり、またこれは、東部戦線を舞台にしたFw190の武勇伝の幕切れでもあった。その武勇伝はちょうど32カ月前のほぼ同じ日から始まった。

chapter 2
新鋭機への習熟
familiaraisation

　Fw190は1937年秋に、ドイツ航空省が、当時ようやく部隊配備が始まったばかりのメッサーシュミットBf109を補完する単座戦闘機をブレーメンのフォッケウルフ社に対し発注したことに端を発する。しかしこれは危うく死産になるところであった［ドイツ航空省＝Reichsluftfahrtministerium、略称RLMはまだ空軍が公式には存在していなかった1933年に創設された。表向きは民間航空行政を司る政府機関であったが、ヒットラーが政権を掌握する以前から密かに存在していた空軍の行政をも当初から掌管していた。1937年には作戦を直接担当する部門が分離独立して、空軍最高司令部になる］。ヴィリー・メッサーシュミット教授が生み出した、完璧かつ世界一のBf109にそのような補完機は必要なし、と主張する有力な集団が航空省内だけでなく空軍最高司令部内にも存在したのである。その結果、当時ヨーロッパ諸国で大流行の液冷列型エンジンを搭載する代替構想が数種類提案されたのちに、動力源にBMW社の強力な14気筒空冷星型エンジンを使うという、フォッケウルフ社設計主任のクルト・タンク工学士の斬新な構想が検討されるまで、Fw190に未来は見えなかった。ドイツ空軍が戦時中に規模の如何にかかわらず導入できた新型戦闘機の唯一完璧な成功例は、それ自身の利点によるものでなく(のちに利点であることが判ったのだが)、皮肉にもBf109と同じエンジンを使わ

1943年半ばにソ連軍の対空砲火でBMWエンジンのシリンダー・ヘッド2本を撃たれたFw190を、機付長のロマー軍曹が点検しているところ。この損傷にもかかわらず、パイロットは無事帰還することができ、普段と変わらない完璧な三点着陸を披露した。

ないのでBf109の生産配備計画を阻害するおそれがない、という見解を航空省技術局の一部が抱いたことから実現したのであった。

■ 東部戦線最初のFw190部隊
The First Russian-Based Unit

東部戦線に在った部隊で、Fw190へ転換する最初の部隊として選ばれたのがI./JG51、第51戦闘航空団「メルダース」第I飛行隊である。幸運にもこの戦闘機の出自にまつわるつまずきを知らなかった同飛行隊のパイロットたちは、Fw190へ転換するために前線から後退することに関して、東部戦線における自分たちの活躍の結果得られた休息と見なしており、たとえ短期間であっても母国への帰還を歓迎した。

その起源をバイエルンのバート・アイブリングで1937年4月1日に編成された第135戦闘航空団（I./JG135）まで遡ることができる第51戦闘航空団第I飛行隊は、ソ連侵攻作戦準備のため1941年5月末に東方へ向けて出発するまで、ドイツ空軍攻撃力

2機のFw190が「水面を泳ぐウシガエル」のように、1943年早春の雪解けで出来た水溜まりをかきわけてゆっくりと進む。所属中隊、あるいは飛行隊を示す部隊章のたぐいがまったくないため、これらの機体がどの部隊に属しているのかたしかなことはいえないが、オリョールで撮影されたのなら第51戦闘航空団所属、クラスノグヴァルデーイスクならば多分第54戦闘航空団であろう。「白の10」の後方にグレイと白の迷彩塗装機がいる。

の一翼を担ってオランダ、ベルギー、フランス三国への侵攻作戦、イギリス本土航空戦（バトル・オブ・ブリテン）に参加していた。1941年7月に第2中隊所属のパイロット2名が行方不明となったのちの東部戦線で、同飛行隊3人目の損失となったのは、70機撃墜のエースで柏葉騎士鉄十字章の佩用者でもある飛行隊長ヘルマン=フリードリヒ・ヨッピン大尉であった。ヨッピンは1941年8月25日にモスクワ南西の中央戦区における空戦で戦死した。それから12カ月が過ぎ、飛行隊長が3回交替したあとも、第51戦闘航空団第I飛行隊は相変わらず中央戦区で新たな反攻作戦を支援するソ連軍機と対戦していた。ソ連軍はラーヴォチキンLa-5とヤコヴレフYak-7Bという新鋭機を初めて繰り出してきた。両機種とも第I飛行隊が装備するくたびれたBf109Fを凌ぐ性能を誇った。ハインリヒ・クラフト大尉指揮下の第51戦闘航空団第I飛行隊がFw190A-3へ転換のため前線から引き揚げ、ケーニヒスベルク近くのイェーザウに後退したのは、まさしくこの危機を迎えた状況の真っただなかであった。

■ 機種転換
The Conversion Course

機種転換課程は、この新鋭機の取り扱いと飛行特性に関する一連の技術的項目の講習から成っていた。使い慣れたBf109との一番明確な違いはそれだけでも獰猛といえる動力装置で、Fw190A-3は1700hpの出力を誇るBMW801D-2を搭載した。東部戦線での運用には理想的であったが、Bf109のダイムラー=ベンツ・エンジンに対しBMWエンジンはふたつ有利な点をもっていた。つまり、その巨大な外形はパイロットに対する前面からの弾避けとな

り、またかなり大規模な損傷にも耐え得るというもので、このことは対空砲火が常に災いをもたらす東部戦線の低空域ではすぐに歓迎された特質である。Bf109であればエンジン冷却系統を小口径銃で1発撃たれただけでも撃墜されるが、Fw190はシリンダー・ヘッドをひとつかふたつ射抜かれても何とか基地に帰還することができた。

　しかし、ひとつの警句が広まっていた。いかなる理由であれ、もしFw190のエンジンが止まったら脱出せよ、それもただちに、というものである。エンジン出力を失ったFw190は「レンガを放り投げたような滑空特性を示し、エンジンが止まるや否や機首を地面に向け、すぐに機体が降下し始める」のである。エンジンが停止した状況で通常のように脚を出した着陸をしようという試みに関する意見は変化に富んでいた。一部のパイロットは、エンジンが止まったままで着陸に成功した試しはないという。ほかの者たちは程度の異なった損害を機体とパイロットの双方に被ったものの、何とか着陸に成功したことがあると主張した。だが、そのような行動は残された最後の手段であり通常は勧められない、という点に関しては全員の一致をみた。また一方で、胴体着陸ならパイロットは負傷を免れることができるかもしれない、という望みを与えた。前面を装甲リングで覆われたBMWエンジンが慣性で、大抵の動かない地上障害物を押しのけてくれるだろうというわけである。パイロットのひとりが発見した奥の手は、胴体着陸寸前にプロペラのピッチ角をできる限り小さくするというもの。すると、地面を叩いたプロペラがうしろに曲がり即席のスキーに早変わりする。のちにあるFw190地上攻撃機のパイロットは、胴体と翼下面に爆弾ラックが付いた状態で、通常の三点着陸より滑らかな胴体着陸さえ成し遂げている。

　主車輪間隔が広いこともまた東部戦線のパイロットにかなりの恩恵を与えた。Bf109であれば滑るような危険な場所でも、Fw190は主車輪と尾輪で進路を切り開いて進み、ロシアの冬の雪、ぬかるみ、雨、泥などで悪条件きわまる地表を「水面を泳ぐウシガエル」さながらに蹴散らして進んだ。だが、タキシングと離陸時には問題点を露呈した。操縦席からはほぼ全周にわたる良好な視界を得ていたが（パイロットの背後を防護する防弾板のため、まうしろ15度の範囲は死角になった）、空中に浮かぶまでは突き出たカウリングが前方視界を損なうのだ。Bf109とは異なり、Fw190は着陸と同じようにして離陸しなければいけない、とパイロットたちは告げられた。機尾を早めに浮かせるとプロペラが路面を叩き、機体はひっくり返る恐れがあった。

飛行特性
Flight Characteristics

　高空に上昇すると急激に性能が低下する、というFw190の飛行特性は暗黙のうちに認識されていた。これに関してはすでに英仏海峡方面の戦いでも問題となっていた（何年かあとにはドイツ本土防空戦においても大いに問題視される）が、東部戦線での運用には何ら支障がなかった。それというのも、経験によればソ連軍機は地上で戦闘が行われている場所の低空域に、あたかも「ピクニックにたかるブヨ」のように集結するからであった。それゆえ東部戦線では、Fw190はすぐれた運動性能、安定性に頑丈さを兼ね備えた理想的な兵器であった。要約すれば、水平面の旋回半径が大きいことを除いてはすぐれた運動性能を有する素晴らしい格闘戦闘機で、機関銃発射台（ガン・プラットフォーム）としてもすぐれ

ていた。同時期のBf109は性能を損なう機関砲ゴンドラを翼下面に装備した場合のみ、Fw190A-3の7.92mm機関銃2挺、20mm機関砲4門という重武装に比肩できた［A-3では外翼のMGFF/M 2門は標準装備でなく、前線部隊で改造できる装備キット(Rüstsatz)に位置付けられており、装備していない機体も多かった］。

　西部戦線における空戦でFw190は「垂直面の機動」、言い換えると素早い降下および急速なズーム上昇による高度の回復の繰り返し、を用い、水平面と垂直面の機動を混用しないという戦術を発展させた。これは敵機がたびたび高度の優位を求めて背後の注意を怠る東部戦線でもやはり有効であった。事実、東部戦線でのドイツ空軍の主要な対戦相手のひとつ、頑丈なイリューシンIℓ-2シュトゥルモヴィク地上攻撃機は、尾部を攻撃する以外にほとんど撃墜する手立てがなかった。厚い装甲板が張られた下面と側面を攻撃する限り弾丸ははじき返されるが、狙い済ました尾翼への一連射によってたびたび撃墜することができた。

　だがもしも、第51戦闘航空団第I飛行隊のパイロットたちが横転や旋回を使った格闘戦に巻き込まれた場合には、Fw190の根本的な、時には致命的ともいえるひとつの欠点について警告された。外部兵装を付けてない状態でFw190の失速は突然激しく発生する。Fw190は脚とフラップを下ろさない状態では時速約175km［総重量によっても変化する］以下に速度が落ちると失速し、ほとんど前触れもなく左翼が突然下がり、くるりと裏返しになる自転に陥る［Bf109の場合は失速に先立ち、前縁スラットの作動や主翼の振動が発生するためにパイロットへ警告を与えたが、Fw190は前縁失速を起こしやすい翼型を採用したためねじり下げを付けてはいたが、前触れ現象をほとんど伴わずに突然失速し、自転からきりもみに陥った］。しかしこの欠点も、時には長所に転ずることがある、とクラフトの部下たちは証言する。追尾された時に敵機が追従できない離脱機動として使えるというのだ。高いGが加わる急旋回から逆方向へ急に切り返しをすると、パイロット自らの手できりもみの初動に入れることができた［高いGが加わる急旋回時は、Gが加わる分だけ大きな揚力を主翼が発生できないと失速するため、水平飛行時より失速速度は高くなる］。

　「自分からきりもみに入れようとすることは、後尾に取り付いたイヴァン［ソ連軍機のこと］を振り切るたしかな方法のひとつだ。だが、決して低高度ではするな！　初動段階で大きく高度を失うからだ」

離陸
Take-Off

　次の段階は耳にこの警告が残っているうちに、操縦席に慣れることである。当時はまだFw190の複座練習機型は存在しなかった（1944年に少数製作されたが、おもに元Ju87パイロットを地上攻撃任務へ再訓練するために使われた）ので、各パイロットが初飛行前に新しい「仕事場」を熟知することはきわめて重要であった。

　胴体側面の高い位置にあるボタンを押し、左翼付根近くに埋め込まれた乗降用はしごを引き出して足を掛け、さらにばね仕掛けの手掛、足掛を伝い操縦席に乗り込む。約10cmの高さ調整範囲をもち、いくらかうしろに傾斜した座席にいったん座ると、Bf109からFw190へ急激な技術革新が起こったことがす

ぐに理解できる。基本計器はむろん従来から使われてきたものだが、電装関係の計器・表示計の列が印象的である。Fw190はエンジンに革新的で利口な、「コンピューターの初期の形態」あるいはずっと基本的に一種の「頭脳箱」と形容されることが多いコマンドーゲレートを装備し、プロペラピッチ角、混合比、ブースト圧、エンジン回転数の調整や制御といったありきたりな仕事からパイロットを解放した。Fw190はまた降着装置の上げ下げ（左右の主脚にそれぞれ専用の電動モーターがある）、フラップの上げ下げ、水平安定板取付角の変更による縦のトリム調整に電気式を採用していた。これらすべてに加えて、自動火器の発射準備、まず胴体銃と翼付根の機関砲に電気を入れ、次に3秒経ったら外翼機関砲に電気を入れる。戦闘中にこの経過秒数を忘れるとバッテリーに過負荷がかかるから注意が必要だった。

　すべての準備はようやく整った。操縦席脇の主翼に立つ整備兵の疑わしげな視線を浴びながら、最終確認をする。肩ハーネス、パラシュートハーネス、酸素供給装置、まだ馴染めないスイッチや押しボタンの列におぼつかない視線を巡らす。整備兵が翼から飛び下り、機体の左に位置する。「前方に障害物はないか？」「前方に障害物なし！」「繋げ！」外部電源車か機内バッテリーから供給の電力で駆動される慣性始動機により、BMW801は始動される［機内バッテリーは容量に余裕が無いため、緊急の場合以外はエンジン始動に使うことを禁じられていた。また機首左側面の穴にクランクを差し込み、慣性始動機を手で回しエンジンを始動させることもでき、外部電源がない場合はこの方法で始動させた］。始動機をひと回しすると、BMWエンジンは青い煙を吐いて生き返る。ボタンを押して、フラップを「12度下げ」にし［実際のフラップ下げ時の角度は離陸時の13度プラス・マイナス2度と着陸時の58度プラス・マイナス2度のふたつであった］、ブレーキを開放して滑走を始める。時速150km〜160km［原著では112mph（180km/h）となっているが速すぎる。また総重量に応じて離陸速度は変化する］に達すると離陸。降着装置とフラップの引き込みボタンを叩くと、第51戦闘航空団第I飛行隊のパイロットたちは座学から解放され、彼ら本来の活動領域へ1機、また1機と戻ってゆく。注意深く数回の周回飛行をしてから上昇後、すぐに彼らは新しい乗機の素晴らしく調和した操縦感覚に狂喜する。補助翼操作が軽く、横転率が驚異的といえるほど高い。さほど時間を経ずにたがいに攻撃をしかけ始め、次の段階となる模擬空戦のあいだに、以前使っていたBf109では主翼がもぎ飛ばされるような、急横転に機体を入れてみる。

　短いが密度の濃い転換訓練は終了した。クラフトの部下のパイロットたちは、その多くが戦前または戦争初期に空軍の精力的かつすぐれた訓練を受けており、すでに多くが3年間の実戦経験をもっていた。この後半の課程において彼らに空戦技術を教えることは必要ないばかりか、時間の無駄であった。彼らは前線任務に復帰し、その星型エンジンを搭載した機首を東に向けた時になすべきことは十分理解していたのである。

chapter 3
前線の第51戦闘航空団
JG51 in combat

　1942年9月6日、第51戦闘航空団第I飛行隊が東部戦線に復帰したこの日は、スターリングラードを巡る戦闘においてドイツ側の最後の攻勢が開始される前日であった。続く24時間以内に戦略的に重要なグムラク飛行場が占領され、スターリングラード郊外にドイツ軍が進出したため、赤軍のアンドレイ・イェレメンコ将軍はヴォルガ河岸から遠く離れた地点に司令部を退却させた。フォン・パウルス将軍指揮下の第6軍による最初の攻撃から、スターリングラードの瓦礫のなかで蘇ったソ連軍に包囲され降伏するまで、以後4カ月にわたる戦いと最終的な敗北は、東部戦線のすべての出来事に暗い影を投げかけることになる。

　南方に拡大する戦いから遠く離れ、第51戦闘航空団第I飛行隊は主に北方戦区を担当し、リュバーニからレニングラードの南東までもシュヴァルム[4機編隊]、あるいはロッテ[2機編隊]規模のFw190編隊で索敵攻撃に出動した。しかし数日後、彼らはデミヤンスクに穿たれた楔形突出部に物資補給する部隊を上空から援護するため、イリメニ湖南方に展開した。

ルジェーフ＝ヴャージマ
Rzhev-Vyazma

　10月に入り、冬の到来とともに第51戦闘航空団第I飛行隊はふたたび南に移動し、今度はモスクワに対峙する中央戦区のルジェーフ＝ヴャージマ突出部に基地を設営した。規模は異なったが、北に約320km離れたデミヤンスクの突出部と同様に、そこは「抵抗のための柱石」として築かれ、春にソ連軍の反攻を食い止めたドイツ軍主力部隊がいた。東部戦線におけるFw190の戦いは、この場所から本格的に始まった。

　一方、ハルトマン・グラサー大尉指揮下の第51戦闘航空団第II飛行隊（II./JG51）は、Fw190に転換する2番目の部隊としてイェーザウに後退した。だが北西アフリカへの連合軍上陸が報じられると、急遽、訓練は切り上げられた。この新たな脅威に対し空軍が採った対抗措置の一環として、第51戦闘航空団第4中隊（4./JG51）と第5中隊（5./JG51）はFw190転換訓練をただちに中止して南のシチリア（シシリー）に向かい、さらにチュニジアの前線で戦うため、20機のすでに黄褐色の砂漠迷彩に輝くBf109G-2tropを集めに、オーストリアのヴィーナー・ノイシュタットへ赴いた［本シリーズ第5巻「メッサーシュミットのエース 北アフリカと地中海の戦い」第4章を参照］。

　第II飛行隊から引き抜かれた中隊の穴を埋めるため、カール＝ハインツ・シュネル大尉が指揮する第51戦闘航空団第III飛行隊（III./JG51）がルジェーフ＝ヴャージマ突出部から後退し、イェーザウに残留した第6中隊とともにFw190へ転換することになった。これはソ連軍の圧力が高まった場合は、ひとりI.／

JG51のみが(ヴィーテブスク付近に駐留した第51戦闘航空団第Ⅳ飛行隊〈Ⅳ./JG51〉のBf109の支援を受けるとはいえ)突出部防衛に当たる戦闘飛行隊となることを意味した。このころのソ連軍機はもはや、対ソ戦開始以来数カ月間によく見られた、右往左往する巨大な群れではなく、新鋭機、特にすぐれたペトリャコーフPe-2急降下爆撃機および、どこにでもいたイリューシンIℓ-2シュトゥルモヴィクは、以前より小さいが訓練の行き届いた編隊で攻撃してきた。突出部の5カ所の主要飛行場、とりわけ1600m近い長さのコンクリート製滑走路や格納庫、兵舎、補給施設、装備品庫などの集合体が不規則に広がっていたドゥギノに加えられた間断ない攻撃の矢面に立ち、新鋭のFw190を駆って戦った第51戦闘航空団第Ⅰ飛行隊のパイロットたちは、Bf109使用期間の撃墜戦果へ、すぐに新たなスコアを追加していった(第51戦闘航空団は11月1日に通算4000機目の撃墜を達成した)。このころ同飛行隊に着任したのは、東部戦線での実戦経験をすでに有していたハインツ・ランゲ大尉であった。1939年10月、ドイツ本土へ偵察に飛来したイギリス空軍(Royal Air Force:RAF)のブレニムをBf109Eで初撃墜したランゲは、1941年にはレニングラード戦線で第54戦闘航空団第Ⅰ飛行隊(Ⅰ./JG54)の中隊長を務めており、10月26日付で第51戦闘航空団第3中隊長に任じられた。

「私はソ連のヴャージマで1942年11月8日に初めてFw190で飛んだ。それはまったく心が躍る体験だった。私は東部戦線で使われたFw190の全型式に搭乗したが、より小さな胴体のおかげで視界はBf109より良かった。メッサーシュミットの方が旋回半径は小さいのだが、私はフォッケウルフの方が運動性能はよいと信じている。もし君がFw190に高加速度をかける機動をすることができれば、そしてそれをうまくやれたら判ることだがね。操舵力と操縦感覚に関していえば、Bf109はFw190より重かった。Fw190で行った曲技飛行は実に楽しかった。

1942年から43年にかけての冬、モスクワ西方に位置するイヴァン湖の凍結した湖面の駐機場における第51戦闘航空団第Ⅰ飛行隊のFw190A-3。カメラから一番遠く離れた左奥の機体はBMWエンジンを換装しているところ。右手前の飛行隊本部機は特徴的なシェヴロンと波形の記号だけでなく、胴体の国籍標識が記入された部分に作戦域を示す黄帯を入れている。これらの機体は、ヴェリーキエ・ルーキで包囲された友軍へ急降下で物資を補給するJu87の護衛に大活躍した。

「フォッケウルフの機体構造はメッサーシュミットよりずっと頑丈だった。とりわけ降下に関してそうだった。Fw190Aの空冷エンジンは被弾にも強かった。武装は型式によって異なったが、我が軍の他の戦闘機と同程度だった。Bf109のモーター・カノンはずっと正確だが、有効なのは相手が戦闘機の場合だけだ。Bf109の30㎜機関砲はよく故障し、とくにきつい旋回をすると必ずといってよいほど故障した。私はそれで6回も撃墜を逃した。

「我が軍の戦闘機運用の進歩に関しては、密集した3機編隊のケッテから、4機の「シュヴァルム」(フィンガー・フォア)編隊 [親指以外の4本の指を拡げた状態で、指先に相当する位置に4機を配置する編隊形] への移行が一番大きい。この改革にはスペイン内戦中にヴェルナー・メルダースが大きく関与した。私はドイツ軍戦闘機パイロットがあげた撃墜戦果の多くがこの戦術によるものと見ている」

ランゲはその後、第51戦闘航空団の第6代にして最後の航空団司令を務め、最終撃墜数は70機に達した。最初の1機以外はすべて東部戦線で撃墜した戦果であった。

中央戦区の激戦
Central Sector

7個軍団が参加するモスクワへの新たな攻勢の機先を制し、1942年11月24日、本格的な冬の到来とともに、ソ連軍が前線航空連隊の支援を受けてルジェーフ=ヴャージマ突出部の北側面に対し攻勢に出た。ドイツ軍正面の前線はルジェーフ、ブイエリ、ヴェリーキエ・ルーキの3カ所で突破された。3番目の突破口はきわめて危険であった。

ヴェリーキエ・ルーキは主要な鉄道集合地であり、1941年8月にドイツ軍が占領して以来、有刺鉄線を使った全方位陣地として中央戦区の最強防衛拠点に築き上げられた。その基地がいまや包囲された。当該地区を担当する唯一の戦闘機隊として、第51戦闘航空団の両飛行隊は緊急の増援要請にすべて応じなくてはならなかった。増援要請は地区のすべての前線で猛威を振るうソ連軍の空襲を追い払うだけでなく、包囲されたヴェリーキエ・ルーキの陣地に補給物資を投下する友軍爆撃機の護衛にまでおよんだ。クラフト大尉は広い地域に薄く延ばされた指揮下の第51戦闘航空団第Ⅰ飛行隊からなけなしの中隊を抽出し、ヴェリーキエ・ルーキ近くのイヴァン湖の凍結した湖面から行われる作戦に派遣せざるを得なかった。中隊はそこから、包囲された地上部隊に補給物資の入ったコンテナを投下するJu87の護衛に当たった。12月には新鋭のFw190A-4を装備してイェーザウから第51戦闘航空団第Ⅲ飛行隊と第6中隊 (6./JG51) が第Ⅰ飛行隊の増援に駆けつけた。だがドイツ空軍の採った措置はまったく効果がなく、1943年元日、ヴェリーキエ・ルーキは赤軍に奪回された。

一方、ルジェーフ=ヴャージマ突出部の北側面に在った第51戦闘航空団第Ⅰ飛行隊本隊はFw190の戦闘による最初の損失を被った。航空団本部通信将校も務めていたホルスト・リーマン大尉が12月10日に戦死したのである。それから4日後、クラフト大尉とリッターブッシュ軍曹が対空砲火で相次いで撃墜された。5月から第Ⅰ飛行隊の指揮を執り、騎士鉄十字章の佩用者であるハインリヒ・「ガウディ」・クラフトはこの時までに78機を撃墜、墜落では生き延びたものの、その後ソ連兵に撲殺された。

第51戦闘航空団第I飛行隊が最初は索敵攻撃任務で新しい乗機に慣れていったのとは異なり、第III飛行隊のパイロットたちは慣れる間もなかった。イェーザウでの訓練中に空中衝突により1名が事故死し、東部戦線へ復帰後も損耗が続いた。
　中央戦区の全域にわたり受けていたソ連軍の圧力が増大しつつあり、第51戦闘航空団のパイロットたちはそれに対処する困難を感じ始めていた。第51戦闘航空団の個々の飛行隊、中隊、時にはシュヴァルム規模の編隊が、支援要請に基づき、空からの火力支援部隊として危機に陥った前線の拠点から拠点へと駆け付けた。年末まで第51戦闘航空団第I飛行隊はイヴァン湖、ヴャージマ、オリョールの基地を移動して回った。損失は自然と増加していったが、「ガウディ」・クラフト亡きあとに第I飛行隊の指揮を執ったルードルフ・ブッシュ大尉の場合がもっともひどかった。ブッシュは1月17日に凍結したイヴァン湖から、航空団司令カール＝ゴットフリート・ノルトマン中佐の僚機として離陸した。上昇中に鋭い旋回をしたノルトマン機は失速したに違いなく、突然前触れもなく翼を逆方向に翻し、ブッシュ機と衝突した。ブッシュ機は敵の戦線内に火ダルマとなって落ちていった。負傷したノルトマンはなんとかパラシュート降下に成功したが、この事故は彼の神経に悪影響をおよぼし、傷が癒えて第51戦闘航空団を指揮する任務に復帰してからは二度と作戦出動しなかった。ノルトマン不在のあいだは第III飛行隊長シュネル大尉が航空団の指揮を執った。

オリョール
Orel

　1943年初めに第III飛行隊はオリョールへ移動した。第51戦闘航空団第9中隊（9./JG51）のギュンター・シャック中尉にとって、そこでの1月29日はきわめて実り多い日となった。爆撃目標に向かうJu87の護衛任務を終えて基地に戻る途中、シャックが率いるシュヴァルムに、メーベルヴァーゲン（家具輸送車という意味だが、敵爆撃機を示す暗号）がノヴォシルでドイツ軍前線を越えつつある、と地上から無線連絡が入った。接近し、すぐに一列縦隊で飛行する8機のPe-2を発見。続いて起こったことは、シャックの言葉を借りるとまさに「七面鳥狩り」であった。5分後には8機のPe-2すべてが地上で燃えており、シャックひとりで5機を撃墜したのだった。
　第51戦闘航空団第III飛行隊は8機のPe-2を撃墜したのち、10日間というもの連日出撃を繰り返した。そして2月11日までにシャックの撃墜戦果は30機に達した。彼の得意技は旋回中に攻撃し射撃することで、命中させるにはきわめて高度の技量を要する機動であった。そして2月23日ほど彼がこの特技を見せつけた日はない。第51戦闘航空団第I、第III飛行隊はその日一日だけで合計46機の撃墜戦果をあげた。シャックは防御円陣を組んでいた4機のLaGG-3のうち3機を得意の急旋回戦術で1分以内に落としたのを含み、5機を撃墜した。彼の採った戦術は2年前に伝説的なヴェルナー・メルダースをして、「不可能だ」といわしめたものだった。大戦終結までにギュンター・シャックは飛行隊長に昇格し、撃墜戦果174機のすべてを東部戦線であげた。

1943年、来るべき試練へ向けて
1943, To the Next Great Battle

　2月から3月に入ると、中央戦区の危機は頂点に達した。北ではデミヤンス

ク突出部が徐々に押し戻されつつあった。撤退の最終段階を援護するため、第51戦闘航空団第Ⅲ飛行隊はクラスノグヴァルデーイスクに展開し、臨時に第54戦闘航空団の指揮下に入った。

　3月にはまた、ルジェーフ=ヴャージマ突出部を足掛かりにモスクワへ進撃する計画も最終的に放棄された。第51戦闘航空団第Ⅰ、第Ⅳ飛行隊はその限られた能力を全面的に駆使して地上軍の退却を支援した。その間に第Ⅰ飛行隊の作戦可能なFw190は8機にまで減ったが、第Ⅳ飛行隊のBf109はそれよりいくらか多かった。突出部が崩壊し前線が押し戻されて平らになったあとで、第Ⅳ飛行隊はFw190へ転換のため後退した。その一方、エーリヒ・ライエ少佐指揮下の第Ⅰ飛行隊は、新たな脅威が生まれつつあった南方のブリャーンスクへ移動した。ブリャーンスクでの第Ⅰ飛行隊はパイロットの心が一番熱くなる任務、索敵攻撃に出撃した。そして2名のパイロットが次第に頭角を現してきた。ヨアヒム・「アッヒム」・ブレンデルとヨーゼフ・「ペピ」・イェンネヴァインである。第9中隊のギュンター・シャックと同じく、ふたりともすでに長期間第51戦闘航空団に属していたが、Bf109使用期間中は目立った活躍をしていない。ブレンデルの名声が次第に高まっていったのは1943年春からであった。引き続く2年間に彼は東部戦線だけで189機の撃墜戦果をあげ、これには25機のYak-9と、驚くべきことに88機のシュトゥルモヴィクが含まれていた。オーストリア生れで1940年度のスキー世界チャンピオンである「ペピ」・イェンネヴァインは、イギリス本土航空戦に参加していたあいだにエースとなっていた。だがその才能を真に開花させたのはFw190を使用し始めてからであり、一日で7機撃墜や、ある時などはわずか6分間に5機の爆撃機を撃墜したこともあった。だれもこんな短時間でエースにはなれないだろう。

　しかし、1943年3月末までに両軍とも飛行、戦闘をほとんど停止した。雪解けの始まりにより待ち望んでいた休息がもたらされたのである。ドイツ軍、ソ連軍とも来たるべき大きな試練、クルスク会戦に備えて自軍を再編するためであった。中央戦区での攻撃行動は最低水準にまで減少した。

chapter 4

第54戦闘航空団「緑のハート」登場（ト書き）
JG54 – enter the 'GREEN HEARTS'

　1943年初頭、第51戦闘航空団がヴェリーキエ・ルーキで持ち堪えていた守備陣の救援に奮闘していただけでなく、中央戦区の他の地区を支援するためにも大活躍していたころに話を戻すと、東部戦線でFw190を装備する二番目で、また最後となる戦闘航空団がBf109から転換を始めた。その有名な第54戦闘航空団「グリュンヘルツ（Grünherz＝緑のハート）」（JG54）は、開戦時から3個飛行隊を有していたわけではなく、それまで別の航空団に属していた飛行隊を集めて、イギリス本土航空戦の直前に急遽編成された部隊だった［I./JG54はI./JG70を1939年9月15日付で改称したもの。またポーランド戦終了後にI./JG76をII./JG54と改称、III./JG54の前身はI./JG21で、1940年5月に改称した］。

　バルバロッサ作戦開始時は第54戦闘航空団の3個飛行隊が、前線の北方戦区を担当する第1航空艦隊では唯一の戦闘機勢力を担っていた。リッター（騎士）の称号を持つフォン・レープ元帥指揮下の北方軍集団と歩調を合わせ、第54戦闘航空団は1941年真夏にバルト海沿岸の諸国を速やかに通過し、9月初めまでにはレニングラードの玄関口まで進出した。9月5日にはシヴェルスカヤへ、数日後にはクラスノグヴァルデーイスク（ガチーナとしても知られる）へ進出した。翌年にかけては主にレニングラード周辺で作戦したが、東部戦線の基準ではほとんど移動しないに等しかった。それでも彼らの作戦空域は、南はデミヤンスクの突出部から北はフィンランド湾沿岸にまで広がっていた。時にはフィンランド南部にまで足を延ばすことがあり、約480kmの長さにおよんだ。

■ 勝利を呼ぶズボン
Abschusshosen

　1942年12月に、ハンス・フィリップ大尉が指揮する第54戦闘航空団第I飛行隊の第1陣がFw190A-4へ機種転換するため、クラスノグヴァルデーイスクを出発し東プロイセンに向かった。しかし今回は目的地がイェーザウでなく、かつての爆撃機基地でその当時は主要な補給修理基地となっており、南西に約50km離れたケーニヒスベルクとは幹線道路と鉄道でつながっているハイリゲンバイルであった。派遣された隊員のなかには、のちに東部戦線でFw190のパイロットとしてはもっとも成功する2名が含まれており、事実彼らはドイツ空軍第4位、第5位のエースとなる。

　下士官で体格は小さく、物腰が穏やかなそのひとりはまだ十分に認められていなかった。口ごもってゆっくりと喋る、ズデーテン生れのオットー・キッテルが第54戦闘航空団のトップ・エースとなることを、その当時誰が予想したであろうか？　バルバロッサの早い段階の、まだBf109を使っていた「幸せな時

期」の約8カ月間に、キッテルはちょうど15機を撃墜していた。そしてほかの者と同じく、キッテルもFw190へ転換したことをきっかけに撃墜戦果が急上昇し始めた。かつてはうまく撃墜ができないため、とまどっているかのように見えたキッテルの撃墜戦果はすぐに増えていった。

　二番目の未来の「超」エクスペルテ[Experte（独語）。本来の意味は「専門家」であるが、ここでは戦闘経験が豊富で、多数の敵機を撃墜した戦闘機パイロットのことを指し、連合軍におけるエースとほぼ同様の意味で使われた。複数形はExperten／エクスペルテン]は彼とは好対照を示し、すでに50機以上を撃墜していた。その、1942年10月25日以降は第54戦闘航空団第1中隊長を務める22歳のオーストリア人、ヴァルター・ノヴォトニー少尉の戦歴は、開始早々に危うく終止符が打たれるところだった。彼は第54戦闘航空団がバルト諸国を横断し進撃していた1941年7月19日に、リガ湾入口に浮かぶ大きな島エーゼルの上空で3機のポリカルポフI-153複葉戦闘機を初撃墜した。だが三番目に撃墜した敵機の返り討ちにあったノヴォトニーに残された道は厳しいものだった。敵の戦線内へ不時着するか、海面に不時着水するかのふたつである。彼は後者を選択し、Bf109をエーゼル南端の沿岸に向けた。気をつけていたにもかかわらず、彼は大波に操縦席から投げ出された。海中で救命胴衣が膨らみ、外すのを忘れたパラシュート・ハーネスで危うく窒息するところだった。それを外してなんとか救命ボートによじ乗った。ようやく息をすることができたところで、タバコが海水を含んで吸えなくなったのを知り、ひどく落胆した。

「しばらく経って、タバコの包みを投げ捨てたのはよい考えに思えてきた。私は飲み食いする物は何も持ってなかった。そんな時にタバコを吸ったら破滅のもとになっただろう。幸運にも私は、これからどんな運命が待ち受けているかについては何の考えももってなかった。すぐに発見され、陸に引き揚げられるだろうと願った。濡れたマッチを1本ずつ海に投げ込むことで海流の強さと方向がわかり、どの方角に流されているかが判断できるのでないかと思った。太陽がゆっくりと沈み、助けが何もないそこでは、私は海面の小さな黄色い点でしかない。海流が私を南西の方角に運んでおり、エーゼルから離れて行くのに気付いた。友軍はもし今日でなければ、明日には私を発見するだろう。だが、安全という観点からいえばできるだけ本土の近くで救助されたかったが、私の計算では本土は真南に65kmも離れていると思われた。

「そこで私はオール代わりに手で水をかき、エーゼルの南端にまだ見える灯台までの距離がゆっくりと広がってゆくのを満足をもって注目した。おかしなことに、灯台からは私をどうにかしようという兆候は何も見られなかった。星空の夜を、私は北極星を背にし南に向かって手でこぎ続けた。スポーツ・シャツ、膝上で細く絞ったズボン、それと海中で毛皮の縁どりがついた長靴を脱ぎ捨てていたため靴下だけしか身に付けていなかったが、骨の折れる仕事のせいで寒さは感じなかった。

「翌日には灯台が前日の半分にまで小さくなって見えた。午前中たくさんのBf109が上空を通過したが、彼らの注意を引く試みはすべて失敗した。一度、

うれしそうなこの人物はヴァルター・ノヴォトニーではないが、この写真は彼が4日間を過ごしたひとり乗り救命ボートの寸法について手掛かりを与えてくれる。この死活を制する装備はパラシュート・パックの一部に結ばれ、1942年以降イギリス空軍のスピットファイアやタイフーンに装備されたK型ディンギーのように、座席か背当てに置かれた。

1943年初め、クラスノグヴァルデーイスクからその日最初の作戦に出動するため、パイロットによりエンジンが回される、第54戦闘航空団第I飛行隊の真新しいFw190A-4。この角度からも白色冬季迷彩の上にかるく斑点を散らしたのが見て取れ、かつては胴体国籍標識部分に塗られていた黄色の戦域標識帯が白で塗りつぶされているのも判る。翼付根のMG151／20 20mm機関銃のガスによるカーボンがカウリングに付着しているところから、この機体は少し前にも作戦任務に就いていたことが判る。

　2機のBf109が私にもっとも接近した時は、マウザー・ピストルを数発発射し、シャツを脱いで振り回しもした。だがそれは暗い青色で、よく目立つとはいえなかった。彼らは明るい黄色の救命ボートにさえ気がつかないのだ。
　「そこで私自身が不可能に思えることを試みなければならなかった。それは前日にはまだ容易にできなかったと思われる、苦渋の現状認識であった。午後は非常に暑くなってきたが、渇きを癒すことができなかった。日光から保護するため、時おりシャツを頭の上にもってきた。しかし手は水をかくのに必要だった。このころになると救命ボートの外側で水をかく動作をすることで、腕が擦れて皮が剥け、焼けつくような熱を発し始めた。そこで私はほかの方法を試みることにした。小さな板切れの錨を救命ボートの前方に放り投げ、それに向けてボートを引き寄せていった。同時に、側面を洗う波にも対処しなければならなかった。
　「もはやエーゼルの島影は見えなかった。航空時計を使って方角を見きわめ、針路の維持に努めた。昨日の不時着水のあとで私の休息となった平和と静けさが、その効果をおよぼし始めた。同時に海水が体中を痛めつけ、救命ボートのなかに満ちる恐れがあった。
　「二日目の夜の静寂を突然破ったのは、真夜中ごろ近付いてきたふたつの黒い影だった。同時に水柱がすぐ近くに立ち昇った。もしソ連の軍艦が私を撃ってきたのなら、砲口の閃光を見ることができたに違いない。それらがソ連軍の駆逐艦で東に向かって全速力で走行しており、南方からの砲撃に遭っていることが至近距離から分かった。敵艦に見つかるおそれから、見当たるものは何でも救命ボートの縁に載せ、そ

ソ連との戦いの初期、敵味方識別のため、Fw190のカウリング下面は黄色く塗られていた。この写真の第54戦闘航空団第I飛行隊所属のA-4 3機にはいずれもそうした塗装が施されている。

のあざやかな黄色を隠そうとした。私はまだ見つからなかった……。

「この出来事で消耗したにもかかわらず、私は新たな希望を見い出した。砲撃はドイツ軍の沿岸砲台からのものに違いなかった。そこで、本土までの距離は最大限見積もってもわずか8kmしか離れてないと考えた。

「不時着水から二度目の日の出には海水以外何も見えなかった。私にとって本当の戦いがそれから始まった。渇き、筋肉の痙攣、そして体中が痛くなってきたことをそれらより遥かに強く感じた。『それは良くない兆候だ。お前には助かる見込みがない』と私は考えた。銀のシャープペンシルを使い救命ボートの縁で書き始めた……『敬愛する両親へ』。少なくともボートは誰かに見つかるだろうと思った。

「だが『敬愛する』と書き始めるやいなや、私はシャープペンシルをボートの底に放り投げ、ふたたび水をかき始めた。二度ピストルを取り出して安全装置を解除したが、それから元に戻した。

「三日目の朝、不快な感じがしたためにゆっくりと目が覚めた。涼しく湿った微風が常に私の上にさざ波のように吹いていた。最初、私にはなぜだか分からなかった。私は一種の雲のなかに漂い、靄を透して暗い連続した沿岸線と海岸に打ち付けた白波から水煙が発生しているのを見た。そこに向かって水をかいていたら穏やかな衝撃を感じ、身体が救命ボートの脇に投げ出され、粗い砂の上に四つん這いになったのがわかった。私は身体を1、2m浜辺に引き上げ、それから気を失った。意識が戻ってから、私は這い歩いて海岸の鉄条網防御線をくぐり抜け、農家を見つけた。それからまた気を失ったに違いない。

「目が覚めると、私はシーツにくるまって寝ていた。所持品はすべてベッドの脇の小椅子に載っており、私のピストルが一番上にあった。ソ連軍の制服を着てピストルをぶら下げたふたりの兵隊を見て私は恐怖に襲われた。だがちょっと待って彼らの腕バンドに気が付いた。彼らはラトヴィア人の補助兵だった。そこはミケルバカと呼ばれており、私はその地名を決して忘れないだろう。

「私を助けてくれた沿岸砲台の兵たちは、夜中に駆逐艦を砲撃したあの砲台の兵だった。彼らはかなり遠くに何か黄色いものが浮いているのを認めたが、ブイだと思ったそうだ。

「原隊に復帰すると、私の持ち物は荷造りされ、両親へ知らせが行くところだった。1週間後にふたたび作戦任務に戻ったが、海上を飛行すると決まって不快でつらい思いにとられた。その後2週間たって、1機のソ連軍爆撃機をエーゼル南端の灯台のすぐそばで撃墜したら、ようやくこの感覚も収まった」

任務を終えた第54戦闘航空団第1飛行隊所属のFw190A-4が脚をしっかりと下ろし、フラップも下げて、クラスノグヴァルデーイスクに着陸のため進入降下するところ。この「白の7」は1943年の第1週に第54戦闘航空団へ到着したFw190に典型的な塗装を見せており、東部戦線を示す黄色の主翼端と胴体帯以外にカウリング下面も黄色で、カウリング側面には第1飛行隊章が記入されている。

1943年1月に撮影されたこの写真では、早朝の弱々しい光が真冬のロシアの雪に覆われた駐機場の、この寒々とした光景を暖めるにはほとんど役立っていないように見える。勤勉な整備兵が降り積もった新雪を毎日平らに整地し、余分な雪は小さな待機場の周囲に風避けとして積み上げた。

この出来事は彼の戦歴の最初に起きたことであるが、エーゼル沿岸での経験は第54戦闘航空団内で以後のヴァルター・ノヴォトニーの急激な撃墜戦果上昇に、不可欠の役割を果たした。その日以来、彼はいつも、まず海水に漬かって引き裂けたズボンに足を通してから出撃した。勝利を呼ぶズボン、ノヴォトニーの幸運な「アプシュスホーゼン」は航空団中で知らぬ者のない言葉となった。

■ Fw190A-4 への転換
Re-Equipment with the Fw190A-4

第54戦闘航空団第I、II飛行隊のパイロットたちは徐々に、以前第51戦闘航空団が受けたのと同様の機種転換課程に進んだ。そして第51戦闘航空団と同様に、少なくとも1件の惨事に見舞われた。それは12月28日にFw190A-4がハイリゲンバイルに墜落し、操縦していた第3中隊のヴァルター・バイムス少尉が死亡したことである。転換課程に進んだ隊員すべてが新しい乗機に夢中になったわけではなく、ある未来のエクスペルテは、フォッケウルフは「濡れた袋のように重々しく着陸」すると嫌悪感を表し、それゆえにFw190を蔑んで「洋服ダンス」のようだと感想を述べた。

また、おかしなことに、ハイリゲンバイルの転換訓練担当者は急旋回時に突然きりもみに陥るFw190の悪癖については、言及しなかったようである。たしかにパイロットたちもそのような警告を聞いていない。A-3に内在していた悪癖はA-4では改修されたことを暗示するのかもしれないが、同様の事故は大戦末期のさらにのちの型式でも報告されている。第54戦闘航空団隊員ほとんどの若き血をたぎらせたように思える新しい乗機の利点のひとつは、構造の頑丈さ、とくに左右一体となった主翼構造であった。のちに、機体がどれだけのひどい扱いに耐え得るかという非公式「実験」も行われた。彼らのうちのひとり、より良き時代を知っていた老練な、かつてはルフトハンザのパイロットをしていた者が、上昇限度に上がろうともがいているフォッケウルフを操縦し、それから慎重に機首を下に向けた。やがて速度は危険なまでに増加。そして音の壁を突破する前に、プロペラがブレーキの役を果たし速度が落ち始める。パイロットは体重45kgの虚弱者でなくとも、音速に近いパワー・ダイブから機体を引き起こし安全な領域に戻すのには渾身の力を要した。着陸後、ほかの者たちが無くなったリベットを数えに周りに集まったが、なんとひとつもはじけ飛んでいない。新しい飛行機に対する信頼を強化するため、クルト・タンク自らが実演する必要はな

ゆっくりとアイドリングしているBMW801D-2からわずか数m離れ、エンジン音を聞いているように見える防寒服を着用したふたりの整備兵は、7月のバイエルンに思いを馳せているのだろうか。一方、パイロットは操縦席でオイル温度が適切に上昇しているかを監視している。ひとたび空冷エンジンが発進可能なまでに暖まったことを計器が示したら、後方に置かれた電源トロリーと車輪止めを外せと指示を送る。

1943年初めまでにソ連空軍の、ドイツ空軍基地へのヒット・エンド・ラン戦法による急襲はかなり上達した。そのため、Fw190のパイロットにとって離着陸時は大変危険な時間となった。新人が東部戦線に進出して最初に教わることは、飛行場のどの位置からでも静止状態あるいはタキシング中にかかわらず離陸する方法と、低空の編隊からいかにして着陸し、安全地帯までたどり着くかということであった。写真は第54戦闘航空団第I飛行隊のパイロットが巨大な雪の土手をかすめて着陸するところ。

かった。

つかの間の平穏
The Momentary Quiet

1943年1月上旬にベルリンで開催された戦闘機隊指揮官会議の席上、西部戦線の第26戦闘航空団(JG26)「シュラーゲター」は東部戦線の第54戦闘航空団と交替することを命じられた。両航空団の同時移動は、各戦線における戦力低下を長期間招くことになるため、交替は少しずつ、一度に1個飛行隊だけ行うことが決定された。結局、両航空団ともわずか1個飛行隊とそれに1個中隊だけが交替した。その結果、第26戦闘航空団第Ⅰ飛行隊(I./JG26)は約4カ月間だけ東部戦線で作戦し、1943年6月には西部戦線へ戻ってきた。だが第54戦闘航空団の場合は第Ⅲ飛行隊の完全な分離につながり、彼らは2月に野営地をたたみ西部戦線に移駐したが、二度と戻ってはこなかった。

一方、第54戦闘航空団第Ⅰ、第Ⅱ飛行隊の機種転換は次第にはかどっていった。1月から3月にかけて個々の中隊が雪に覆われたシヴェルスカヤと、クラスノグヴァルデーイスクの滑走路へ徐々に戻っていった。そこでは真新しい冬期迷彩のFw190A-4が旧式になったBf109と一緒に格納庫や駐機場を使った(第Ⅱ飛行隊では最後のBf109を8月に手放した)。こうしたかつてソ連軍の巨大な基地だった場所への駐留は余りにも長く、パイロットたちは本国と同程度の快適さを得ることができた。シヴェルスカヤで航空団本部入口には2頭の熊の剥製が飾られ、スターリン、ルーズヴェルト、チャーチルの大きな切り抜きが作戦室の外に立っており、映画とサウナを楽しむことができた。クラスノグヴァルデーイスクの宿舎はもっと豪華で、たとえば幅広い滑走路に沿った

Fw190のタキシングは直進する訳ではない。第51戦闘航空団第3中隊のハインツ・ランゲ大尉は次のように説明する。
「タキシング時のFw190の前方視界はBf109より劣るが、S字状に進むことで容易に補える。離着陸時のFw190の視界は、その時はほぼ水平姿勢となるBf109と異なり、機首上げ姿勢を維持する必要からやはり悪い」
第54戦闘航空団第Ⅰ飛行隊のA-4パイロットはスロットル弁を開け、雪かきされたクラスノグヴァルデーイスクの滑走路から発進するところ。

前頁上の写真と同一のA-4には思わぬトラブルが発生したと見え、エンジンを止めたパイロットが整備兵と何事か相談している。

パイロットが毛皮で縁どられた飛行帽のあご紐を結んでいるあいだ、黒服を着た彼の常に忠実な整備兵は、肩ハーネスを背後から解き放つ。整備兵の付けている耳おおいから外気温度の低さは想像がつくが、耳おおいはパイロットがFw190のエンジンを始動したら騒音から身を守る役目もする。操縦席側面には有名な第54戦闘航空団の「緑のハート」記章が記入されている。

1943年1月、厳しい寒さから身を守る服装をしたこの第54戦闘航空団第1飛行隊員が、ニュルンベルクの市章を流用した飛行隊章が記入された機体の脇で、カメラに向かってポーズをとる。長靴を履いた足だけが写っている人物が誰で何をしているのかは不明。

林のなかに隠れていたのは、観賞用湖のあるロシア皇帝の夏季宮殿であった。

　パイロットより重要かということについては議論の余地があるものの、彼らのすべてがはかり知れない世話になっている地上整備兵、あるいは「シュヴァルツェ・メナー」(Schwarze Männer＝黒い人たち。彼らが着る黒い上下つなぎ服からそう呼ばれた)もまた同程度の利便を提供された。両基地とも多くの格納庫を備え、屋根付きの作業場をもっていた。唯一の欠点は前線に接近していることだが、ソ連軍爆撃機と長距離砲の砲撃は日課の一部として受け入れられるようになった。

　しかしすべてのソ連人が公然と強い敵愾心をあらわにしたわけでは無い。シヴェルスカヤの占領者には舗装された滑走路よりも、一年中常に基地を作戦可能な状態に維持するための助言を自発的に寄せたひとりのソ連脱走兵が歓迎された。最初の雪が降ったあとで、飛行場の雪の半分はローラーがけするか、あるいは平らに押しつぶせと彼は説明した。そうすることで、冬の間は離着陸のために堅く締まった表面ができる。一方残りの半分は立ち入り禁止とされた。春になるとこの踏まれていない雪が素早く解けて、冬の間使った堅く締まった雪の広がりが解け終わるまで、作戦遂行に必要な十分に乾いた草地を提供する。

　こうしたことや、野外の駐機場に置かれた機体のエンジンの下で小さな火を焚き続けることで、整備とエンジン始動が楽になるということ手品を知り、過酷なロシアの冬が何とか耐え得るものになった。天候が最悪となる時期は、シヴェルスカヤの兵員の大多数は近くの村へ避難した。外気温が氷点下40度［華氏と摂氏の温度値が一致するのがマイナス40度である］に下がるあいだは、彼らは村で地元の住人と居住設備をともに使い、まきを燃やしたストーブで暖をとり、やがて春の最初のしるしが訪れると暖房のない兵舎に戻っていく。

　だがこの安楽な生活はFw190への転換とともにたちまち変化し、第54戦闘航空団の歴史のなかでも転換点に達した。過去2年半の激しい軍事行動は、地上での広大な占領地のみならず空でも成功をもたらしたが、それも終わった。その後もいくらか局所的な勝利は得たものの、また個人や部隊の撃墜戦果は空前の水準にまで上昇したが、来るべき2年半に戦争はそれまでとまったく異なる様相を示すことになる。これまで東部戦線の一方の端から反対端まで「火力支援」に飛び回っていたが、以後は後戻りできない、ドイツ国境に向かう退却への第一歩を踏み出すことになった。

　1943年初めの数週間の出来事はこの運命の転換を端的に物語っている。1月13日にレニングラード東で第54戦闘航空団第2中隊(2./JG54)のロッテにソ連軍戦闘機が襲いかかった。1機のFw190が撃墜され、ヘルムート・ブラント軍曹が操縦するもう1機はラドガ湖畔の氷上に不時着した。ブラントはなんとか捕虜になることを免れたが、彼の「黒の2」はソ連軍の手に落ちた実質的に最初のFw190となった。1935年にオーストリア空軍へ入隊したマックス・シ

ュトッツ中尉は、第54戦闘航空団に属していた1月26日に撃墜戦果150機に達した。ドイツ戦闘機隊の真の名声を担い、1942年11月に第54戦闘航空団第Ⅱ飛行隊の指揮を執るまで、西部戦線の第2戦闘航空団(JG2)「リヒトホーフェン」に属していた間に68機の撃墜戦果をあげていた、陽気なハンス・「アッシ」・ハーン少佐が同じ日に100機撃墜を達成した。それから2月19日に第54戦闘航空団は通算撃墜数4000機に達し、戦争特派員ショイアマンは次のように報じた。

「最近の一連の大空戦で、東部戦線の北方戦区においてある戦闘航空団は、トラウトロフト中佐指揮の下、撃墜戦果4000機を達成した。

「その日の戦闘で共産主義者の軍用機を33機破壊し、剣柏葉付騎士鉄十字章の佩用者であるハンス・フィリップ大尉が自身の168機目と169機目を、また柏葉騎士鉄十字章の佩用者であるシュトッツ少尉が自身の158機目と159機目、バイスヴェンガー中尉は137機目を、ハーン少佐は107機目をそれぞれ撃墜した」

だが、この報告がもたらされてから数日以内に「アッシ」・ハーンと「バイサー」・バイスヴェンガーのふたりは去っていった。2月21日にデミヤンスク近くの敵戦線内にエンジン故障のため不時着したハーンは、その後7年間をソ連の捕虜収容所で過ごすことになる。ソ連軍機152機の撃墜戦果を誇ったバイスヴェンガーは、3月6日に10機の敵戦闘機に襲われたのち、イリメニ湖上空でプロペラがゆっくりと空転しながら墜落していくところを、最後に目撃された。先のショイアマンの報告で名前のあがった残り2名もまた、翌年まで生き延びることはできなかった。ハンス・フィリップ大尉は3月17日に200機撃墜を達成したふたり目のドイツ空軍パイロットとなった。3月の終わりに彼は、第54戦闘航空団第Ⅰ飛行隊長から西部戦線に在った第1戦闘航空団の航空団司令

3月遅く、ロシアのいつ終わるとも知れぬ長い冬のあとで、ついに春の雪解けの最初のしるしがオリョール(第51戦闘航空団が駐留)とクラスノグヴァルデーイスクへ訪れる。すると白色冬季迷彩はほとんど洗い落とされる。「白の3」は大面積の冬季迷彩をまだいくらか残しており、胴体と翼上面に塗られた緑色とあざやかな対比を見せている。この奇妙な混合迷彩は東部戦線で春の長い雪解け期間に、部分的に雪が残った地表近くの低空を飛行するFw190に良く適合した。滑走路にはまだ堅くしまった雪が残っていることから、気温は氷点下と思われる。後方で不穏な黒煙が立ち上っている理由は不明。

上と同じ情景を少し異なる角度から撮影したこの写真では、背後に4機目のA-4が写っており、機首のMG17を点検中。

に転じたが、10月にはアメリカ軍のP-47に撃墜され戦死する。4番目のマックス・シュトッツは晩夏に訪れる流血の惨事で犠牲となった、数多い第54戦闘航空団指揮官のひとりであった。

ノルベルト・ハニヒの回想
Norbert Hannig Recalls:

ひとりの若い士官候補生が自分の真価を見い出だした時、そこにはまた他の見えない敵もいた。ノルベルト・ハニヒはその出来事を次のように回想する。

「1943年5月上旬、私は経験豊富で老練なクサーヴァー・ミュラー上級曹長の編隊僚機として約20回出撃した。彼は地上では典型的な気難しいシューヴァーベン人だった。いったん空に上がると注意深く、そして電光石火のごとく反応し、いつも僚機に注意を払ってくれた。彼はすでに40機を超える撃墜戦果をあげ、それにより(パイロットのあいだではその形状と寸法から「フライドエッグ」としてよく知られている)黄金ドイツ十字章を授与されていた。私は彼のあげた多くの撃墜戦果を確認することができ、我々のあいだには相互理解の感情が芽生えてきた。私はヒルのように彼に貼り付き、彼の背後から敵を追い払い、彼のすべての機動に付いていった。

1943年早春のシヴェルスカヤで愛機であるA-4「黒の12」の操縦席に収まりカメラを意識するノルベルト・ハニヒ士官候補生。ブルガリア・ジャケットとして知られる、毛皮の襟がついたシープスキンの飛行服に注目。名前の由来はその国に生息する羊から作られたため。ハニヒは東部戦線では34機撃墜の戦果をあげ、敗直前はMe262に搭乗した。

「その日、私が所属している第5中隊がシヴェルスカヤで警戒待機当番に当たっていた。パイロットはデッキチェアで日光を浴びてうたた寝するか、読書、際限なく続くカード遊びで時間を潰していた。作戦室の伝令が命令を持って彼を起こしにきた時、クサーヴァーは私の隣でぐっすり寝ていた。『上級曹長殿、あなたに出撃命令です。ムガの列車砲の弾着観測に当たる110 [Bf110のこと]の護衛をロッテで遂行してください。砲撃目標はシュリュッセルブルグの鉄道橋です。110が10時30分に飛来して緑色の発煙弾を発射したら発進してください。あなたは『黒の2』、ハニヒ士官候補生は『黒の12』で飛んでください。機体の用意はできてます。あなた方のコール・サインはエーデルヴァイス1と2です』

「クサーヴァーはうなずき、日光が眩しそうで、まばたきしてから時計を眺め、私に言った。『了解したな？ あと半時間だ』そういって眠りに戻った。時刻は10時だった。

「15分後、我々は機体まで行った。整備兵が搭乗を手助けしてくれ、我々はベルトを締めた。私がクサーヴァーに注目すると、彼はエンジン始動の合図を送ってきた。始動ボタンに指を伸ばす前に素早く操舵系統の作動を確認した。エンジンは2回せき込んでから生き返った。整備兵が外部電源トロリーを外し、タキシングの合図を送ってきた。私はフラップを離陸位置にセットし、クサーヴァーに続いて草地の滑走路端まで行った。10時27分。もう一度計器に素早く視線を巡らす。すべて順調。そのことをクサーヴァーに身振りで知らせ、彼がうなずく。我々はキャノピーを閉めて上空の110を探す。私は背後に小さな点を発見し、無線で報告。

『エーデルヴァイス2から1へ。6時方向に夜の観測者。高度1000m。確認を求む』

『エーデルヴァイス1から2へ。了解、了解』とクサーヴァーが答える。

「我々は緑色の発煙弾を確認し、110が頭上を通過すると離陸した。110の先に出て、クサーヴァーは翼を振り、我々が責任をもって護衛すると知らせる。我々はその偵察機とは直接無線連絡はとらなかった。天候は快晴だった。真っ青な澄んだ空の視界は50km以上。前線は、西方に曲がりながらレニングラードでバルト海に注ぐ前にラドガ湖の南を流れる、ネヴァ川に沿ってあった。当時、ロシアの背後地域からレニングラードまで伸びた唯一の鉄道網がネヴァ川を横断していた。その生命線の橋は破壊するたびにソ連軍がすぐに修理してしまう。シュリュッセルブルグに架かる橋を最終的に破壊するため、いまや口径40cmの列車砲がネヴァ川南の村、ムガに運び込まれていた。

「110の任務は砲弾がどこに落ちたかを観測し、それを元に弾着点を修整することである。ソ連軍が音響位置探査装置を使い列車砲の位置を突き止めるのを邪魔するため、その地域にある沢山の重砲も同時に砲撃した。ソ連軍のより積極的な橋の防衛手段は、シュリュッセルブルグとシュムの2カ所の戦闘機基地であった。

「我々は高度約5000mでネヴァ川を横断した。対空砲火はなかった。眼下には鉄道橋と、1台のトラックが東に向かい森のなかに消えるのが見えた。2本の滑走路もはっきりと見ることができた。

『アントン1からすべてのサイクリスト[ドイツ空軍の在空しているパイロットを意味する符丁]へ。シュリュッセルブルグの戦闘機に緊急発進命令が下された。シュリュッセルブルグの戦闘機に緊急発進命令が下された』アントン1は無線傍受本部のコード・ネームであった。

『エーデルヴァイス1からアントン1へ。了解。了解』とクサーヴァーが冷静に答える。すべて予想通りの展開だ。

「この時までに最初に発射された砲弾が橋の南側に巨大な土埃りを舞い上げた。手前過ぎる。眼下に見える一方の飛行場に突然、埃の雲が発生したのを発見。常に2機が一緒で横に並ぶ。ソ連軍は我が軍と同じく2機が一緒に離陸する。敵は16機を数えた。4個シュヴァルム、あるいは16対2。

『エーデルヴァイス2から1へ。敵16機がシュリュッセルブルグから離陸』
『了解。俺にぴったり付いていろ』

「私は乗機をクサーヴァー機の後方50mに付け、監視を続けた。ソ連軍機が我々に向かって渦を巻いた群れとなって上昇してくる時、輝く北の地平線を背に小さな点としてはっきり見えた。この時までに3度目の一斉砲撃が起きた。橋の周りで爆発が起こる。110は降下して離脱。彼らの任務が終わったのだ。偵察機のパイロットは翼を振って、もう我々の護衛は必要ないと知らせてきた。今度はソ連軍機と戦うのだ。格闘戦が始まった。

『行くぞ！』

「クサーヴァー機は敵戦闘機集団の上空で、右に大きく旋回した。下方のイヴァンの渦巻く集団を監視する。そのうちの1機が宙返りを始めた。そいつは空に向け真っ直ぐに真珠のような射撃煙を連ねた。危険はない。ほかの1機は不器用なインメルマン・ターン[宙返りの頂点で半横転することで、180度逆に飛行方向を変えるだけでなく高度を稼ぐという機動。第一次大戦中にドイツのエース、マックス・インメルマンが始めたためこの呼び名が付いたといわれているが、オリジナルはどちらかというと上昇反転に近い機動で、これとは異なる]のたぐいを試み、その結果、我々とほぼ同高度の前

「若い犬でも芸を覚えるとはかぎらない」。下の写真に写っているハニヒのダックスフント「フィクスレ」(小狐という意味)は、主人の背中と背面防弾板のあいだに坐り20回以上もともに出撃した。しかし、後方の敵機を発見したらすぐに吠えて知らせるよう「フィクスレ」に教えこませる試みはすべて失敗した。

方100mに出た。死に物狂いで左に離脱を図ったそいつは、クサーヴァーにはお誂え向きの標的となった。短い一連射がそのLaGG-3をバラバラに切り裂いた。

『撃墜(アブシュス)！』、私はクサーヴァーの撃墜を確認した。

『お前の番だ。俺が援護する』と彼は答えた。

「我々に向かって上昇する別のソ連軍機の前に私は進んでいった。そいつは射撃し、それから降下して下の安全な集団に戻ろうとした。私は射撃照準器を通して狙いを定めた。距離150m。機関銃がガンガンと音を立てた。酸素マスクを被っていてもコルダイト火薬の燃える匂いを嗅ぐことができた。黒い煙を曳いてイヴァンは基地に向かい降下していった。

『あいつは未だ飛んでいる。ほかの奴にしよう』とクサーヴァー。

「私は後方を確認した。クサーヴァーは右におり、左には何もない。前方と下方にはソ連軍機が煙を曳いて飛んでいる。私はスロットルを開け、彼を従えて降下した。照準器を通して敵機との距離が詰まるのを注視。150m、100m、75m…いまだ！ 機関銃の発射ボタンを押す。曳光弾が目標に吸い込まれていく。大きな破片が飛び散る。

『撃墜！！！』

「突然火の玉に包まれた時、私は引き起こしを図っていた。Fw190が思わず知らずに横転し、私は操縦席の右側に押しつけられた。真っ黒いオイルがキャノピーにこびり付いた。一体全体何がうまくいかなかったのだろう。なんとか横転を止めようとし、ようやくオイルを被ったキャノピー越しに地平線を見分けることができた。やっと水平に戻った。だがその時、

『脱出しろ!! 火を吹いている』とクサーヴァーが叫んだ。

「私の最初の考え＝敵の戦線の後方15kmにいる、つまりソ連軍の捕虜になるということ。直後の反応＝ギリギリまで機外に脱出しない。素早い確認＝炎は見えず、したがって未だ操縦席まで火が広がっていない。窓ガラスのオイル

夜のキャンプ・ファイアを囲んで歌を斉唱しているわけではない。写真は1943年5月にシヴェルスカヤの木立ちのなかで、出撃の合間にくつろいで座っている第54戦闘航空団第5中隊の隊員たち、左から3人目は上位のエースであるエミール・ラング(173機撃墜)。戦争のこの段階になると、ソ連空軍連隊の急襲がすべての前線にわたって増加したため、日中にパイロットたちがくつろげることはめったになかった。警戒待機体制にはいくつかの種類があり、警戒待機15分の場合は、パイロットが操縦席から離れてもこの写真のように駐機場そばに待機している必要があり、乗機はすぐに使えるように整備が完了してなければいけない。警戒待機1時間の場合は、パイロットと乗機の双方が命令の下されるのを待っている状態である。警戒待機2時間だと、整備兵は機体のそばにいてパイロットは基地内で自由に過ごすことができる。そして○○時まで警戒解除の場合は、その時刻が記入されるまで何も準備する必要はなかった。警戒当番のロッテは夏期は2時間ごと、冬期は1時間または30分ごとにそれぞれ交替した。緊急発進の命令が下ると、当番のロッテはすぐに勤務当番表に名前があがった次のパイロット2名と置き換わる。

を洗い流すため、燃料を噴出する栓を試してみた。視界はかなり改善された。約3000mに降下し、ようやく被害の程度が判った。右翼付根の機関砲が砲尾まで破裂していた。主翼には1m四方の穴が開き、右主脚が翼からぶら下がっていた。U字形のオイルクーラーに穴が開き、オイルが胴体後方まで流れ出ている。オイル圧が下がっていき、オイル温度は危険水準の赤い線に向かって上昇している。だがまだ少し余裕はあった。

『クサーヴァー、俺を味方の前線まで連れ帰ってくれ。まだ機体は操れる』正しい無線連絡手順を忘れて、私ははっきりとそう言った。

『ほんの少し左に旋回し進め。そうすればムガに着く』と彼は答えた。

「ムガ緊急滑走路は森の真ん中の小さな区域で草地と沼地が半々で、我が前線のすぐ背後にあった。ちょうど3日前に我々の飛行隊では古株のひとりで、30機以上の撃墜戦果をあげていたヴァルター・ヘックがムガに着陸しようとしてひっくり返った。衝撃で頭部防弾板が外れ彼の背骨にぶつかった。彼は身体が麻痺して昨日死んだばかりだ。それでも不時着するのか、それとも脱出するか？まず友軍の前線まで戻る。私はムガに向かって旋回した。クサーヴァーは背後にいた。

『気をつけろ、イヴァンがまた戻ってくる！』

「顔を上げ、2機のLaGG-3が上方から左に舵を取ったのを見た。彼らは教本通りの襲撃に絶好の位置を占めていた。私が彼らの立場ならすべての機関銃を発射しただろう、と思った。私の下方で彼らは二手に分かれた。彼らはキャノピーを開けており、着ているライトブルーのつなぎ服、黄褐色の飛行帽、それに降下して通り過ぎた時にキラリと光った、黒い縁取りの大きなゴーグルまでもがはっきり見えた。

「私がふたたび安全な友軍前線に向けて機首を巡らした時はさらに高度を失い、いまや1500mまで下がってしまった。私はクサーヴァーを探し、後尾に接近するもう1機を発見。乗機の「黒の12」を180度旋回させ射撃した。

『撃つな！　俺だ』私の1連射からやすやすと逃れた時のクサーヴァーの声は冷静だった。なんとありがたいことか。

『左に旋回してそのまま進め』

「そしてほんの500m前方に、背の高い針葉樹林に囲まれた沼地混じりの地面が開けていた。降着装置は使い物にならないし、フラップは反応しない。乗機は高度を失った。オイル温度はとっくに赤線を越えており、エンジンが何時止まるかわからない。スロットル・レバーは簡単に戻せた。しかし操作リンクが損傷を受けていた［これは言外に出力制御ができないという意味を含んでいる］。速度が出過ぎている！　点火栓のスイッチを切る。針葉樹の先端のすぐ上を時速300kmぐらいで通り過ぎていく。着陸速度は時速150km［Fw190のマニュアルでは、フラップと降着装置を降ろした状態での着陸速度は時速180kmと規定している］だ！　私はシート・ベルトを締め直した。プロペラが空転している。機体を下ろすことができない！　滑走路端の木々が恐ろしい勢いで迫ってくる……やり直さなくては……点火栓のスイッチを入れる。エンジンが生き返らない。プライマー・ポンプ［エンジンの始動を容易にする目的

1943年5月にレニングラード戦区で撮影されたこの写真には、第54戦闘航空団第II飛行隊の別れがたい友人ふたりが写っている。「バッツィ」(いたずら者という意味)・シュテア曹長(左)は総計127機を撃墜、アルビン・ヴォルフ曹長(右)の最終撃墜数は144機に達し、ふたりとも戦死するまでに騎士鉄十字章を授与された。ヴォルフは東部戦線で1944年4月2日に、シュテアは西部戦線で第54戦闘航空団第IV飛行隊員として本土防空戦の最中にP-51に撃墜され、1944年11月26日に戦死した。

でシリンダー内へガソリンを噴霧する装置]を叩く。エンジンが吠えていっときだけ機体を引っ張る。幸いにも、最後のきわめて危険な180度旋回ができるだけの速度はまだ十分あった。

「逆方向から二度目の進入の途中で、突然バンと音を立ててプロペラが止まる。とうとうエンジンが死んでしまった。私はただちに右翼を下げ左に方向舵を切り横滑りに入れて、胴体着陸の前にブラブラしている右主脚が少なくとも一部は翼に収まることを願った。うまくいった。水を多く含んだ地面を横断しながら容易に機首を上げることができた。少しの衝撃と衝突の末、無事に着地し、滑ったままひっくり返らずに止まった。

「あらゆるものが静まり返っていた。完全な静寂。ハーネスを外し、機外に出ようとした。だが、スロットル操作リンクと同様、キャノピー開放機構も飛んで来た破片にやられ故障していた。それはびくとも動かず、私は操縦席に閉じ込められていた。

「突然、機関車が蒸気を吐きだすようなシューという音が聞こえてきた。私の最初の考え＝燃料タンクの温度が上がっている。二番目の考え＝キャノピー緊急投棄！　そいつもまた堅く動かなかったが、足をハンドルの上に載せ、無理やり押し下げた。それでキャノピー投棄カートリッジが爆発した時に、私はキャノピーの横枠から強い爆風を浴びた。だが、たとえそこが沼地の真ん中だろうと、少なくとも機外には出られた。水に漬かった熱いエンジンから蒸気が立ち昇っているのを見た。それがシューという音の原因だった。

「私は胴体前部に上り、頭上を旋回し続けるクサーヴァーに手を振った。彼は私が安全で無事なのを見て、翼を振ってシヴェルスカヤの方角に飛び去った。周囲を見わたすと、まだ操縦席部分がくっついているエンジンの上に立っていることが判った。私の背後では主翼が降着装置の付いた状態で、沼地の

爆装したFw190、1943年春の撮影。胴体下面の爆弾ラックに装着されたのは高性能爆弾である［写真はSD500E 500kg爆弾の可能性が高い］。この種の爆弾は東部戦線の第54戦闘航空団第I飛行隊で良く使われた兵器で、時には250kg爆弾1発あるいは50kg爆弾を4発同時に搭載したこともあった。

爆装したこのFw190A-4は、第54戦闘航空団の機体によく見られる夏期迷彩と国籍標識に重ねて黄色い戦域帯を塗られているが、機体番号の代りに個別記号の「K」が記入されており、塗装に関していくらか不思議な点のある機体だ。これはおそらく、かなりの自主性をもっていた第54戦闘航空団の戦闘爆撃中隊に所属していることを意味するのでなかろうか。背後をBf109のロッテ編隊が離陸していく。

草の外れに突き出ていた。そこからもっと離れて、沼沢性の地面にえぐり取られたような長い傷跡が始まった場所に、残りの胴体と尾翼が横たわっていた。全般的に見て良い着陸だった。機体は残骸と化したが、少なくとも私はそこから歩き去ることができる……ひとたび滑走路防衛の射撃隊員がはしごを使って沼地から私を助けてくれたら、そうできる。

「損害を受けた原因はサボタージュだ、ということが判った。弾薬班の誰かが、もちろん誰であるかを特定することはできないが、遠心着火式信管が付いた炸裂弾に手を加えた。その結果、それが右翼付根に装着された機関砲の砲身内で爆発した。次の弾は徹甲弾で、給弾装置のなかで突き刺さってしまい、その次の徹甲炸裂弾により爆発した。私が怪我しなかったのは本当に幸運だった。エンジンと同様に、操縦席は破片による多数の小穴が開いていた。

「座って日光を浴び、タバコを吸おうとしていたら、半軌道式のバイク［ケッテンクラートのこと］が止まった。ふたりの、胸にいっぱい勲章を付けた古参の陸軍上級曹長がはい降りてきて、ほぼ笑みながら敬礼した。ひとりが尋ねた『すみません、多分あなたが我々を助けてくれるに違いないと思うのですが。15分ぐらい前にフォッケウルフが1機このあたりのどこかに降りてきたはずなんです。その機体は濃い煙を吐いていました。イヴァンがその機体のうしろから離れるように、我々は前線で機関銃を上に向け猛烈に撃っていました。そのパイロットが生きているかどうか教えていただけませんか』

『なぜ知りたいのですか』と私は聞いた。

「もう片方の人物が粗野なバイエルン方言で答えた『俺たちは小さな賭けをしたんだ。俺はそのパイロットが生きている方に賭けた』仲間を指して『やつは死んだ方に賭けた。コニャックが一瓶懸かっているんだ』

『おめでとう』と私は言った。『あなたが勝ちました。私がそのパイロットです。ご覧のように何とか生きています。沼地のあの残骸の山が私のフォッケウルフの残り全部です』

「私は賞品の処分を手伝うため、前線の塹壕へ速やかに招待された。だがシヴェルスカヤから誰かが私を迎えにくるのを待つため、残念ながらその申し出を辞退しなくてはならなかった。

「約1時間後、航空団保有の小型飛行機、クレムKl-35が1機飛来して着陸した。その機体は私がまだ寝ている堀っ建て小屋までタキシングして、クサーヴァーが下りてきた。彼は手を差し出し言った『おめでとう！　すべて上出来だ。怪我しているか？　来い。隊長とほかの皆が基地で待っているぞ』

「翌日、私はクサーヴァーとともに次の作戦に出撃した。今回はシュトゥーカ編隊の護衛である。いつもの決まり切った任務だ」

　ノルベルト・ハニヒの幸運は続いた。彼は大戦終結の直前にMe262の転換訓練を受けるまで第54戦闘航空団に属し、その間に東部戦線で34機撃墜の戦果をあげ、大戦を生き延びた。だが、物静かなシュワーベン人のクサーヴァー・ミュラー上級曹長はそれ程幸運でなかった。彼は3カ月後の1943年8月27日に戦死を遂げたが、それまでに47機撃墜の戦果をあげていた。

　こうして、年初から数えると12名ほどのパイロットを喪失して、第54戦闘航空団の両飛行隊にとって、春は終わった。彼らは担当戦区から南方のルジェーフ＝ヴャージマ突出部とオリョールまで勢力を薄く伸ばされており、彼らもまたクルスク会戦の開始を待っていた。

chapter 5

ふたつの航空団
····and others

　1943年初め、第51戦闘航空団と第54戦闘航空団の合計4個飛行隊が東部戦線における主要なFw190装備部隊だったころ、さらにふたつの航空団がFw190を装備し、ソ連軍と戦っていた。

　そのうちのひとつは前章で触れた第26戦闘航空団「シュラーゲター」第I飛行隊で、第54戦闘航空団第III飛行隊と交替して東部戦線へ派遣された。実際にはパイロット以外は、飛行隊本部と整備兵の一部基幹要員だけが北フランスから鉄道で移動し、大部分の整備兵と装備機材は残留して第54戦闘航空団第III飛行隊の到着を待っていた。飛行隊長ヨハネス・ザイフェルト少佐率いる一隊は1943年1月下旬に鉄道でハイリゲンバイルへ向かった。

　そこで彼らはリガを経由して目的地リイェルビツィへ向かう前に、工場で完成したばかりのFw190A-5を領収した。イリメニ湖の西に位置するその場所はまた、1941年9月に占領して以来、最初は第54戦闘航空団が長期間にわたって駐留した基地であった。典型的な前線飛行場であるリイェルビツィは、クラスノグヴァルデーイスクやシヴェルスカヤほど設備が整っていなかった。だが、地元の村の藁葺き屋根の小屋の居住水準は、大邸宅のようだとはいわぬまでも悪天候から十分に守ってくれた。第54戦闘航空団第III飛行隊はBf109を装備していたため、リイェルビツィにとどまった整備兵がFw190に慣れるあいだに、第26戦闘航空団第I飛行隊のパイロットたちは新たな戦場での作戦行動についての情報を得た。東部戦線での任務は西部戦線に慣れたパイロットにとってはまったく異質だった。低空、小編隊が合い言葉であり、ソ連軍の対空砲火に鋭い注意を払い、それらにも増して、ドイツ軍の前線との位置関係を常に把握する必要があったが、雪に覆われたほとんど特徴のない広大で不慣れな場所を飛行すると、最初は難しいように思われた。敵戦線内に不時着したが戻って来れた少数の者の話を聞く機会があった。経験を積んだパイロットは、可能な場合はいつも、滑空して友軍陣地まで到達できる距離から出なかった。

第26戦闘航空団
Jagdgeschwader 26

　第26戦闘航空団第I飛行隊の東部戦線における最初の作戦出動は2月16日に実施され、地上軍がデミヤンスク突出部から撤退するのを援護するあいだに、1機の損害も無く11機のIℓ-2シュトゥルモヴィクを撃墜した。しかしこのいくらか幸先のよい始まりは、24時間後に最初の損失を被ったために損なわれた。2名の下士官パイロットが新しい環境の下で犠牲となった。ひとりは対空砲火で撃墜され、もうひとりは低空飛行中のIℓ-2編隊を攻撃しようとして地面に激突した。3人目は戦闘機に撃たれたが不時着して無事だった。

デミヤンスク突出部での作戦行動は翌月も続き、それが終わるまでに第26戦闘航空団第Ⅰ飛行隊は75機の撃墜戦果をあげたが、14機は3月5日に撃墜したものであり、第1中隊長ヴァルター・ヘックナー大尉は一日でシュトゥルモヴィク4機と、アメリカからの援助機であるトマホーク2機を撃墜した。
　デミヤンスク突出部からの撤退が無事完了したのち、3月中旬に同飛行隊はドゥノを経由し、スモレンスク近くのシャタロヴカに向かって南方へ移動した。そこから同飛行隊は巨大なルジェーフ＝ヴャージマ側面からの撤退の最終段階を援護した。だが、パルチザン掃討のためロルフ・ヘルミヒェン大尉の第3中隊がオッシノヴカへ一時的に派遣されたため、撃墜戦果はかなり低下した。
　ここにいたって、戦闘機隊総監でありすべての編成にかかわる指導的立場にいたアードルフ・ガランド少将は、経験は成功に結び付くわけではないことを理解し始めていた。英仏海峡方面での戦闘経験を積み、増加傾向にある英空軍(RAF)と米陸軍航空隊(USAAF)の西ヨーロッパへの侵入に対する防衛の第一線に立っていたパイロットを、ロシアの僻地で、パルチザン追跡に使う愚行は明白であった。そこで第26戦闘航空団第Ⅰ飛行隊は6月上旬にオリョール西から北フランスへ戻って行った。彼らは東部戦線に展開していた4カ月間に126機のソ連軍機を破壊する戦果をあげたが、うち17機は実はアメリカからの援助機で、1機のめずらしいカーチスO-52アウル観測機を含んでいた。噂では、これはライサンダーと同じパルチザンへの補給任務に従事していたといわれている。一方、第Ⅰ飛行隊はパイロット9名の損失を被った。帰還した隊員には、東部戦線でFw190を使用していたあいだに5機以上の戦果をあげた多くのエースが含まれており、すでに触れたヴァルター・ヘックナーのほかに、ヨハネス・ザイフェルト飛行隊長は11機の撃墜戦果を追加し、第2中隊のカール・「チャーリー」・ヴィリウス曹長は9機を撃墜した。
　第Ⅰ飛行隊の帰還は、第26戦闘航空団の東部戦線における展開の終了を意味するものではなかった。各航空団から1個中隊が同様に交替されたので、第54戦闘航空団第4中隊に替わって第26戦闘航空団第7中隊(7./JG26)が派遣された。クラウス・ミートゥシュ大尉指揮の第7中隊は2月下旬にクラスノグヴァルデーイスクへ到着し、第54戦闘航空団第Ⅰ飛行隊の指揮下に入った。東部戦線に展開した間はレニングラード戦区にとどまっていた第26戦闘航空団第7中隊は、7月にフランスへ戻るまでに63機撃墜の戦果をあげた。その大部分はミートゥシュ中隊長、ハインツ・ケメトゥミュラー上級曹長、エーリヒ・ヤウアー曹長の3名があげた戦果である。

第5戦闘航空団
Jagdgeschwader 5

　4番目の航空団はソ連軍と戦うフォッケウルフ戦闘機をわずか1個中隊の戦力しか保有しておらず、前線の最北部で戦った。編成まで長ったらしく複雑に入り組んだ経緯の第5戦闘航空団(JG5)「アイスメーア(北極海)」航空団はドイツ空軍の縮図だった。途中でふたつに分離され一度に二方面の敵、西では西側連合軍と、東ではソ連軍と戦ったのである。
　1943年までに第5戦闘航空団第Ⅰ飛行隊(I./JG5)と第Ⅳ飛行隊(Ⅳ./JG5)はFw190を装備し、ノルウェーの海岸線に沿って展開し、たとえ薄く伸びて弧を描いているとはいえ、ウシャントからナルヴィクまでの英国海峡と北海沿岸を守るドイツ空軍防空戦闘機部隊として連続した右翼を担っていた。東では

Bf109を装備の第5戦闘航空団第Ⅱ飛行隊(Ⅱ./JG5)と第Ⅲ飛行隊(Ⅲ./JG5)が、南はフィンランド湾から北はムルマンスクに至る1360kmにもおよぶフィンランド前線に沿ってソ連軍と対峙していた。ドイツ軍がフィンランドとノルウェー北部から撤退する1944年秋の初め、短期間だけ第5戦闘航空団第Ⅳ飛行隊が第Ⅲ飛行隊の増援に加わった時期を除くと、第5戦闘航空団のFw190はソ連軍とは戦っていなかった。

しかし、1943年2月中旬にJG5は半自立的に作戦任務を遂行する戦闘爆撃中隊を編成した。フリードリヒ＝ヴィルヘルム・シュトラケルヤーン大尉指揮の下、ペッツァモに駐留した14.(Jabo)/JG5、つまり第5戦闘航空団第14（戦闘爆撃）中隊のFw190A-2とA-3は北極海沿岸のソ連沿岸交通の破壊を主任務とした。彼らはこれに関してはきわめて大きな成功を収め、民間の商船と軍艦も含め、撃沈した艦船の総トン数はその後の数カ月間に急上昇した。5月上旬のある3日間に、フロシェック曹長とフォール軍曹が2隻のM級潜水艦を沈め、シュトラケルヤーンが2000トンの補助艦艇と3000トンの貨物船を沈めた。その結果、すぐれた功績を認める上級司令部からの電信文がもたらされた。
第5航空艦隊総司令官からの電信文：

14.(Jabo)/JG5へ
　　　　　　　1943年5月11日
過去数日間の素晴らしい成功に本官は大いに満足している。
　　　　　　　シュトゥンプフ上級大将

……そして5日後、

北部方面（東）空軍司令官より
　　　　　　　1943年5月16日

1943年春に北極戦域のフィンランドのペッツァモに駐留した、第5戦闘航空団第14（ヤーボ）中隊のFw190A-3「黒の5」。フリードリヒ＝ヴィルヘルム・シュトラケルヤーン大尉に率いられたこの小規模な中隊は、それまで攻撃を受けたことがなかったソ連のこの地域で沿岸交通に恐慌をもたらした。1943年5月にはその素晴らしい功績に対し、方面空軍司令官が中隊を表彰している。シュトゥラクス・シュトゥラケルヤーン自身もこの時期に9機のソ連軍機を撃墜してエースとなった。このFw190は初期の標準迷彩で、黄色の戦域標識は塗られていないが、ユニークな「弓と爆弾」の中隊章をエンジン・カウリングに記入している。黒い服装の整備兵たちの背後に置かれた250kg爆弾（手前）と500kg爆弾（奥）に注目。

14. (Jabo)/JG5へ
以下の電信文は全将兵へ：
「方面空軍司令官は北部方面（東）空軍の戦闘爆撃機による艦船攻撃の功績を認めるとともに、この作戦があらゆる手段をもって続けられんことを望む」

年末までに沈めた艦船の総トン数が39000トンに達した第5戦闘航空団第14（戦闘爆撃）中隊は、基本的には対艦攻撃部隊であったが、護衛に当たるソ連軍戦闘機との交戦が不可避であり、それに関しても彼らは敵に損害を与えた。たとえば、8月19日に卓越した指導力の発揮により「シュトゥラクス」・シュトラケルヤーンが騎士鉄十字章を授与された時、すでに彼は9機の撃墜戦果をあげていた。1944年4月、中隊は北極圏から陽光が満ちあふれるイタリア戦線へ移動し、そこで第4地上攻撃航空団第4中隊と改称し地上攻撃任務に従事した。

chapter 6 ツィタデレ──クルスク会戦
zitadelle

北方戦区、中央戦区、そしてこれらにくらべると小戦力の南方戦区というロシアの主戦場において、Fw190戦闘機の存在が十分な重みをもって感じられた（たとえ、その保有機数が決して200機を超えず、約1900kmにおよぶ長い前線に展開していたとしてもである）。事実、クルスク会戦の数週間前にはロシアにおけるFw190の作戦可能機数はこれまでで最大となり、1943年5月には189機、6月には196機にまで増えた。なお、これらの数字には第54戦闘航空団第Ⅱ飛行隊がまだ使用していたBf109も含まれていることを指摘する必要があろう。

もしも作戦可能機数が増えるならば、ソ連軍の活動が活発化することも手伝い、ドイツ空軍戦闘機隊が撃墜戦果を増やす機会も多くなる。ヴァルター・ノヴォトニーの運勢が上昇機運となるのは6月のことであった。そのひと月だけで彼は41機を撃墜し、6月15日には100機目に達し、6月24日だけで10機も撃墜した。総合的にはこの時の第54戦闘航空団、あるいは「トラウトロフト」戦闘航空団の果たした役割はきわめて重大だった。あとの方の呼び名は、北方戦区で同航空団が、3年近くも司令を務めていたその人物の名前により有名となったものである。まだ少佐だったハンネス・トラウトロフトは、イギリス本土航空戦の最中に第54戦闘航空団を構成した、それ以前は別々の航空団に属していた3個飛行隊の指揮を初めて執った。彼はそれらをひとつの航空団にまとめ上げ、彼の故郷のチューリンゲン、「ドイツの緑の心臓」に因んだ有名なグリュンヘルツ記章を導入して独自性をもたせ、それ以来航空団司令の職

にあった。

　7月5日にトラウトロフト中佐は第54戦闘航空団の指揮をフベルトゥス・フォン・ボニン少佐に委ねた。戦闘機隊総監アードルフ・ガランドの幕僚である東部戦闘機隊総監に昇格したトラウトロフトは、自分の名前と常に関連付けられるその航空団に、後々まで父親にふさわしい関心を寄せた。

　トラウトロフトが第54戦闘航空団を離任したその当日、長らく待ち望まれ、膠着状態を打破し東部戦線の趨勢の転換を狙ったヒットラー最後の大規模な賭け、ツィタデレ攻勢がついに開始された［1943年、ドイツはクルスクを中心とする大きな突出部の挟撃包囲作戦を決断し、作戦名称は「ツィタデレ（城壁）」と名付けられた。作戦は7月5日に発令され、作戦開始早々、ドイツ軍はソ連軍の激しい抵抗に遭遇する。7月11日、プロホロフカ村近郊で第二次大戦で最大の戦車戦が行われ、約1000台の戦車が激突した］。東部戦線に在ったFw190装備の5個戦闘飛行隊はひとつを除いてすべてが直接ツィタデレ攻勢に参加した。合計50機のFw190とBf109から成り、そのうち38機が作戦可能だったハインリヒ・ユング大尉指揮下の第54戦闘航空団第II飛行隊だけは、第1航空艦隊の下でより北方の地域を守っていたが、第54戦闘航空団第I飛行隊は第51戦闘航空団第I、第III、第IV飛行隊（Fw190を合計140機保有し、うち88機が作戦可能）とともに、ヴァルター・モーデル上級大将の第9軍を支援する第6航空艦隊の戦闘機部隊として、突出部の北側に沿って展開した。

■第51戦闘航空団の戦い
Battle of Kursk──Jagdgeschwader 51

　攻勢初日の午前中は爆撃機とJu87の護衛に当たり、午後になって初めてソ連軍戦闘機との大規模な空戦が発生した。ツィタデレ攻勢の直前にFw190A-3から新型のA-4とA-5に乗り換えていた第51戦闘航空団のパイロットたちは、攻勢開始以来数日間はソ連軍から航空優勢を奪回しようと奮闘した。この時期に著名なエクスペルテンはみな撃墜戦果を増やしていった。また、それまで馴染みがない名前が突然明るく燃え上がり、その輝きは余りにも短くクルスク戦場の空で燃え尽きた。第8中隊の24歳のオーストリア人、フーベルト・シュトラッスル上級曹長は1941年の遅い時期以来第51戦闘航空団に属し、これまでに37機撃墜の戦果をあげていた。ツィタデレ攻勢初日の午後と夕方の合計4回の作戦出動で、彼は驚くべきことに15機も撃墜した。翌日はさらに10機を追加した。7月7日の戦果は2機だけで、4日目にシュトラッスルは幸運を使い果たしてしまった。3機を撃墜したあとに、彼はポニリの南で4機のLaGG-3に襲われた。攻撃してきた敵機の下方から逃れることができず、シュトラッスルはさらに低空へ追い込まれた。それからソ連軍機の1機が放った弾丸は乗機の主翼をズタズタに切り裂いた。高度300m以下だったにもかかわらず死に物狂いで脱出したが、パラシュートが開く間もなく彼は墜落死を遂げた。

　ツィタデレ攻勢開始以来5日間に第51戦闘航空団はさらに4名のパイロットを喪失し、7月10日にはさらに不吉かつ流れを変える出来事が起きた。交戦

クルスクの巨大な前線において、終わりがこないように思えるほど出撃が続くなかで飛行隊の指揮を執っていたにもかかわらず、第54戦闘航空団第II飛行隊長のエーリヒ・ルドルファー大尉は、1943年8月28日の出撃の合間にタバコを味わいながらもまだ大笑いできる余裕があるようだ。ルドルファーは最終撃墜戦果222機というおどろくべき記録を立て大戦を生き延び、そのうち136機は東部戦線で撃墜したものである。最後の12機は第7戦闘航空団第II飛行隊長を務めていたあいだに、Me262で撃墜した。

相手は増強を続けており、ソ連軍爆撃機による空爆は増え、敵戦闘機はドイツ軍占領地の上空で初めて彼らの流儀で索敵攻撃を始めた。地上ではオリョールの北で第9軍の背後を突くソ連軍の反攻が始まった。抵抗の強さは第51戦闘航空団の損害増加に反映している。ドイツ軍の攻勢が頓挫した7月17日までにさらに10名のパイロットが撃墜され、これには撃墜記録30機以上のエースが2名含まれていた。第Ⅲ飛行隊のアルベルト・ヴァルター少尉と第Ⅳ飛行隊のハンス・プファーラー上級曹長である。7月11日には第51戦闘航空団第Ⅳ飛行隊長ルードルフ・レシュ少佐（94機撃墜）がポニリの南で敵戦闘機に撃墜され戦死した。

第54戦闘航空団の戦い
Battle of Kursk──Jagdgeschwader 54

ツィタデレ攻勢には1個飛行隊のみ参加した第54戦闘航空団の、クルスクでの損害は相応に軽く済んだ。だが、攻勢2日目に第54戦闘航空団第Ⅰ飛行隊は、4月に離任したフィリップ少佐の後任飛行隊長、ラインハルト・「ゼップル」・ザイラー少佐が100機目の撃墜戦果をあげた数分後に撃墜され、重傷を負った。さらに、新人のギュンター・シェール少尉を含む少なくとも5名のパイロットがクルスクで失われた。春に第3中隊に配属されたばかりのシェールは、出撃のたびに手ぶらで帰還したことがめったになく、すでに71機撃墜の戦果をあげていた。7月17日にシェールはオリョール近くでYak-9に衝突され高度210mから墜落、地面に激突した衝撃で彼のFw190は爆発した。24時間後、ヘルムート・ミスナー曹長が第54戦闘航空団にとって5000機目の撃墜戦果を記録した。

しかしツィタデレ攻勢の直接的な結果は取り返しのつかない重大な損失を被ったことであり、それには戦歴が長く、経験豊富な部隊長が4名も含まれていた。ハインリヒ・ユング大尉は第54戦闘航空団第4中隊長から「アッシ」・ハーンを失ったのちの第Ⅱ飛行隊長に抜擢され、7月30日にレニングラード南東のムガ近くでソ連軍戦闘機に倒されるまでに、68機を撃墜していた。それから4日後、「ゼップル」・ザイラーが負傷したため後任として8月1日付で第54戦闘航空団第Ⅰ飛行隊長に就任したゲーアハルト・ホムート少佐は、すでに地中海戦域で63機を撃墜していたBf109のエースであったが、飛行隊長に就任後2回目の出撃でオリョール地区から戻らなかった。82機撃墜のエクスペルテで、ホムートが就任するまで飛行隊長代理を務めていた第54戦闘航空団第2中隊長のハンス・ゲッツ中尉は、ホムートの翌日に行方不明となった。彼は侵入してきたIℓ-2編隊を攻撃後、カラチェフ近くの森林地帯にさかさまになって落ちてゆくのを最後に目撃された。また、オーストリア人で31歳のベテラン、マックス・シュトッツ大尉は第54戦闘航空団第5中隊長の任にあったが、8月19日にヴィーテプスク東のソ連軍前線の背後にパラシュート降下したのち、痕跡も残さずやはり消えた。最終撃墜戦果が189機に達したシュトッツはドイツ空軍エースとしては上位20位以内にいた。

クルスク戦の影
Aftermath

次第に縮小する突出部の北側にまだ展開していた第51戦闘航空団の3個飛行隊は、クルスク攻勢が作戦放棄されるまで何日も何週間も損耗を強いられた。ソ連軍の反攻の道筋に立ちはだかった彼らが被った損害はパイロット

にとどまらず、さらに多くの地上整備兵も爆撃機やシュトゥルモヴィクに襲われ、オリョールの飛行場やその周辺で殺された。オーストリア人スキーヤーのヨーゼフ・「ペピ」・イェンネヴァインに真の成功が訪れたのは第Ⅰ飛行隊がFw190に転換してからで、いまや撃墜戦果は86機に達していた。しかし彼もこの時行方不明となった。7月26日にオリョール東での空戦で目撃されたのが最後だった。その12日後には、100機撃墜に到達するまであと4機という戦果をあげていた、第51戦闘航空団第3中隊のハインリヒ・ヘフェマイアー大尉がカラチェフの近くで対空砲火によって戦死した。

　だが、ドイツ空軍戦闘機隊にとってクルスクでの失敗の真の影響は、個々の部隊の損耗より遥かに広く、そして同じくらい深い範囲におよんだ。ソ連軍最初の反攻は大きな犠牲を払ってオリョールの直前で食い止められたが、長くはもたなかった。ソ連陸軍の61個軍は前線の背後に集結、8月にスターリンはそれらを解き放ち、ドイツ軍に一連の痛烈な打撃を与えた。クルスクの北方ではふたたびオリョールへ攻撃が加えられただけでなく、新たにイェルニャ、スモレンスク、ヴェリジにも向けられた。南ではハリコフとポルタヴァが脅かされ、さらに南方はスターリノとウクライナ全部が攻勢に曝された。わずか12個軍だけが侵攻してきた北方戦区の戦いはまだ比較的不活発といえた。そして今度はドイツ軍も、天候さえもソ連軍の攻勢を押し止めることができなかった。ソ連軍は冬のあいだずっとこの圧力を維持し、1944年春まで攻勢を続けたのである。

■4個航空団が転出
Decrease in Number of Units

　第51戦闘航空団と第54戦闘航空団のFw190装備飛行隊はこの8カ月のあいだ、前代未聞の動きに振り回された。敵の増大する強烈な圧力に突き動かされた空軍最高司令部の幕僚たちは、司令部の作戦地図上で彼らをかき混ぜ、全長約1100kmにおよぶ前線に沿って新たな突破口が作られるたびに、こちらからあちらへと目まぐるしく移動させた。だが、東部戦線におけるドイツ空軍戦闘機隊勢力を損耗させたのは、勢力増強の一途を辿るソ連軍だけではなかった。

　2年前の夏のバルバロッサ作戦開始時、作戦に参加した7個戦闘航空団は、地中海戦域の増援要請に応じたため4個航空団に減っていた。いまやドイツ本土防空にも増援を必要とした。その結果はどうなったか。さらに1個航空団が引き抜かれた。このためわずか3個戦闘航空団だけが残り、理論上は北方、中央、南方の各戦区に1個ずつ配備され、軍事史上最大の攻勢に立ち向かうことになったのである。

　本土防空部隊が優先されたのは数量だけではない。第三帝国の奥深い空域までアメリカ軍重爆撃機隊が実際に隊列を組んで侵入しその威力を見せつけた事態は、ベルリンに集まった幹部連中が本土防空に重大な関心を寄せるのに十分な出来事であった。そこで、もっとも多かった時でも十分とはいえなかった新品のFw190の東部戦線への供給には低い優先順位が付けられ、決定的に不安定となった。ハンス=エッケハルト・ボブ少佐指揮下の第51戦闘航空団第Ⅳ飛行隊は最初にBf109G-6へ転換を余儀なくされた。そしてほかの飛行隊がこれに続いた。だが残されたFw190装備飛行隊が長い退却路をたどり始めるという運命について述べる前に、ツィタデレ攻勢の開始時に戻り、今度は南方戦区に目を向ける必要がある。

chapter 7
地上攻撃部隊
schlachtflieger

　クルスク突出部の北側に沿って第51戦闘航空団、第54戦闘航空団がソ連軍と交戦していたあいだに、反対の南面ではBf109を装備した第3戦闘航空団(JG3)と第52戦闘航空団(JG52)が同様に戦っていた(だがJG3はすぐに本土防空戦に呼び戻される)。しかし、南側面にもFw190部隊は展開していた。2個飛行隊が勢力はおよそ40機以上で、こちらは爆撃機として運用されていたのだ。

　ドイツ空軍における地上攻撃部隊の発展は長く錯綜した過程をたどった。大戦勃発時には旧式のHs123複葉機を装備したわずか1個飛行隊が、簡単とはいえない部隊名のⅡ.(Sch.)LG2として存在し、この略称は第2教導航空団第Ⅱ(地上攻撃)飛行隊を意味した。部隊はポーランドからフランスまでを席巻するあいだに地上攻撃により驚異的な大破壊の爪痕を残していったが、それから同飛行隊に突然の退場が命じられた。海峡を横断し英空軍戦闘機集団のハリケーン、スピットファイアと渡り合うには複葉機はあまりにも脆弱であり、Hs123は退役してドイツ本国でBf109へ転換することになった。イギリス本土への電撃戦の看板を担う役目は無敵のJu87のみに任された。だが引き続いて起こる歴史的航空戦で、不幸にもJu87は能力不足を露呈した。それはヘルマン・ゲーリング国家元帥がパ・ド・カレーの単発戦闘機全勢力のうち3分の1をシュトゥーカの代わりに爆装させるよう命じたことで、暗黙裏に認識された事実であった。

　これが先例となり、結果的に爆弾を搭載したBf109を運用する特別任務の戦闘爆撃中隊が編成され、その後はBf110を使用した部隊とともに高速爆撃航空団に改編された。そしてユーゴスラヴィアに対する地上戦主体の電撃戦がまたも成功した結果、シュトゥーカだけでなくふたたび第2教導航空団第Ⅱ(地上攻撃)飛行隊が一部装備していた、地上攻撃任務のHs123に対する信頼も回復された。

　このころ、ドイツ空軍の三種類の戦術航空支援部隊、つまり高速爆撃、急降下爆撃、地上攻撃各部隊が共同してソ連に攻め込んだ初期にはいくらか混乱が見られた。1939年には1個地上攻撃飛行隊だけだったのが、1942年までには大部分がBf109で残りがHs123と双発のHs129の混成部隊から成る、2個地上攻撃航空団にまで規模が拡大していた。だが、その年の終わりまでには東部戦線で増大する気候のき

第1地上攻撃航空団第Ⅱ飛行隊(Ⅱ./Sch.G.1)は1943年3月にポーランドのデブリン=イレーナでFw190F-2に機種を転換。この機体は同飛行隊の有名なミッキーマウスの部隊章をカウリングに付けている。丸のなかの赤は第5中隊を示し、スピナー前半と機体記号もやはり赤で塗られていた。こうした部分に使われた赤は、中隊が東部戦線に復帰するまでには黒に代わった。

びしさにより、ソ連でたびたび遭遇する未開の状況ではBf109の持つ弱点が戦闘機としてはまだしも、地上攻撃機としては遥かに相応しくないことを証明した。そこで代替機種が求められた。頑丈で信頼性が高く、低高度では操縦性が良く大きな被害に耐えられるという条件、これに合致する機体は明らかだった。東部戦線の地上攻撃部隊で最初にFw190を装備したのはフベルトゥス・ヒッチホルト少佐が指揮するSch.G.1、第1地上攻撃航空団であり、傘下のBf109Eを装備した2個飛行隊は、1942年晩秋にスターリングラード前線のチア川地区から一度に1個中隊ずつ転換のため後退した。

地上攻撃機Fw190
The Comments of the Pilots

フォッケウルフに転換した際のパイロットたちの感想は、戦闘機パイロットたちのそれと驚くほど似ていた。第1地上攻撃航空団第Ⅱ飛行隊（Ⅱ./Sch.G.1）のフリッツ・ザイファルト少尉は東部戦線では最初にFw190で作戦出動したひとりで、大戦集結までに30機撃墜の戦果をあげた。

「1942年に私は初めてFw190を見て、飛行した。私はこの飛行機に心が躍った。大戦中、私はFw190A、F、Gの各型と、もちろんメッサーシュミットBf109も操縦した。Fw190とBf109の違いはフォッケウルフの方が操縦席が広く、たとえばフラップとトリムは電気で動かすというように、操作が簡単だった。そのほかの著しい違いはFw190の安定性である。左右両翼に1本通った主桁と広い主車輪間隔が飛行中と、特に不整地へ着陸する際に十分な安定性をもたらした。高高度ではエンジン性能は不十分だった。後期F型の通常の航続距離はおよそ600kmから680kmだった。東部戦線での平均的な作戦出動は45分から60分を要した。火力は大変良かった。一般的に2門の20mm機関砲と2挺の機関銃を装備した。さらに外翼に20mm機関砲を2門追加することもできた。飛行中に採る戦術に関していうと、我々は緩い編隊を採用し大きな成功を収めた。いいかえると機体間は80mから100mあけた。目標地区で攻撃に際しては2機のロッテごとに分かれ、帰路にふたたび大編隊に集結した。総計約500回の作戦出動をこなし、異なった地形で多大な困難もなしに、数回の胴体着陸をも経験した」

少し相違はあるものの同様の感想は、第1地上攻撃航空団第Ⅱ飛行隊に属し東部戦線に移動する前の地中海戦域で初めてFw190を操縦したペーター・タウベル曹長も述べていた。

初期のⅡ./Sch.G.1に所属したFw190Fの印象的な列線。

クルスクにおける第1地上攻撃航空団第6中隊長（6./Sch.G.1）のハンス・シュトルンベルガー大尉。彼は敵戦線の後方に不時着して4日間を過ごし、暗闇にまぎれドン河を泳いで逃れた。45機撃墜の戦果をあげたシュトルンベルガーは、敗戦時に第10地上攻撃航空団第8中隊長（8./SG10）を務めていた。

ドイツ空軍でもっとも経験豊富な地上攻撃機パイロットのひとりは、Sch.G.1航空団司令のアルフレート・ドゥルシェル少佐であった。1943年2月19日に700回出撃の功で授与された剣付柏葉騎士鉄十字章に注目。彼は1945年元日に実施されたボーデンプラッテ作戦において、アルデンヌ上空で行方不明となり、戦死と推定されている。
[ボーデンプラッテ作戦は、第II戦闘機軍団の昼間戦闘機を総動員してオランダ、ベルギー、フランス内の連合軍基地に対し大規模な攻撃を加え、その優位を覆す目的で1945年1月1日早朝に実施された。しかし作戦の結果、連合軍は500機あまりが損害を受けたものの、物量でその損失を埋めたのに対し、ドイツ空軍は多くのベテランパイロットと機材を失い敗北。この結果、在来機を有する本土防空部隊は回復不能なまでに弱体化した]

1943年夏の暑い時期に、ドゥルシェル派遣司令部(Sch. G. 1)幹部乗機の脇でうたた寝する整備兵。彼のそばに置かれた標準支給品の工具箱に注目。

「Fw190は飛行機としては大変進歩していた。広い主車輪間隔がBf109よりすぐれた地上での走行安定性をもたらした。座席は快適で、防弾装備は十分だった。計器を楽に視認できることは、190で最初に飛んだ時に私を喜ばせた事実だ。私はすぐにくつろいだ。戦闘中我々は撃ち込まれた弾丸の引き起こす火災を大いに恐れた。戦友のパイロットが燃料系統を撃たれて、操縦席で焼かれたのを思い出す。彼の乗機の内側はすぐ炎に覆われた。重量物搭載に関してはやはり問題だった。Fw190は最大全備重量の状態では非常に鈍重だった」

フリッツ・クライトル軍曹はやはり地中海戦域から東部戦線に移動したが、さほどFw190に感激しなかったという。

「Fw190は素晴らしい飛行機ではあるが、元から戦闘爆撃用に作られたわけではない。500kg爆弾か翼下にロケット弾を搭載すると動きが緩慢になる。このため、我々は重量物を搭載して離着陸を行う場合のマニュアルを手直しせざるを得なかった。着陸速度は25km近く増えるし、東部戦線の北方戦区に展開していた時はほかの災厄にも直面した。うなりを上げる白い地獄ともいえるロシアの冬に、飛行や整備を行うのは悪夢だった。エンジンが凍ってしまうのを防ぐため、時にはその下で火が焚かれた。氷点下20度という天候でのエンジン始動はガソリンを3/4、オイルを1/4の割合で混合したものをオイル溜めに詰めた。この混合液に火を着けるとガソリンがまたたく間に燃えてオイルを暖める。その後はマグネトーをちょいと確認し、素早くエンジンを回転させ、すぐに飛行できるというわけだ。Fw190の操縦席は広かった。だが離着陸時の前方視界は、無いに等しかった。そのためパイロットは浮揚あるいは接地する前に前方の地面を見ることができなかった。上昇性能は素晴らしく、敵機を振り切るもっともよい方法のひとつは操縦桿を手前いっぱいに引き、まっしぐらに上昇することだ。旋回性能は良好だが、フォッケウルフはBf109同様、

旋回時に横滑りを起こした［Bf109、Fw190に限らず、旋回時に補助翼と方向舵の調和がとれた操作をしない限り横滑りを発生する］。旋回時に操縦桿をうしろへ引いた時、Fw190はおどろくべき、ほとんどギョッとするような傾向を示した。右急旋回時に機体は急に横転して裏返しになり落ちて行く。方向舵を右に切るとこの現象が加速するので、もし敵に追尾されたらこの離脱機動がきっと敵を背後に置き去りにするだろう。だがこれは高度900m以下では勧められない。この機動から回復するにはかなり高度を必要とするだけでなく、高速では身体に加わるGが大きいのでよくブラックアウトが起こる」

クルスクにおける地上攻撃機パイロットの主要目標は戦車で、ソ連軍は多くの目標を提供してくれた。ルジェーフ近くではⅡ./Sch.G.1による空襲で45両以上のT-34が破壊され、黒焦げの残骸はFw190の火力の物言わぬ証人となって残された。

■ 東部戦線の第1地上攻撃航空団
Return to the Front

　1943年初め、第1地上攻撃航空団の最初の中隊が東部戦線の南方戦域に復帰、ただちにカフカスからの最初の段階となる撤退を援護した。しかし、同航空団全体のFw190への転換は5月までかかった。これはツィタデレ攻勢のために戦力集中を図っていた時期であった。第1地上攻撃航空団のFw190を装備した2個飛行隊がクルスク会戦で演じた役割は、常に機関砲装備のJu87とHe129を使った特別な対戦車部隊の影に隠れた。なぜならば、後者の目標はソ連軍の戦闘装甲車両であったが、Fw190の主な任務はSD-1、SD-2対人用集束爆弾を用い、支援の歩兵と砲兵陣地を攻撃することだったからである。これらの集束爆弾は180個あるいは360個の小さな破砕爆弾が広範囲に広がり、強烈な効果を発揮した。第1地上攻撃航空団の指揮はアルフレート・ドルシェル少佐が執り、クルスク会戦のためヴァルヴァロフカに駐留していた。攻撃に対する赤軍の反応は驚くべき体験であった。ドイツ兵なら避難場所に飛び込み、低空を飛行する飛行機に対空砲火を浴びせるのに対して、次のような光景が目撃されたのだ。
「ソ連軍のあらゆる兵隊があらゆる火器を使って撃ち返してくる！」
　その当時のある有名な記述はクルスク上空の雨あられと撃ち返された銃火をもっと視覚的に述べている。
「彼らは持てる火器すべて、機関銃、ライフル銃、ピストルさえもぶっ放した。

獲物を探すFw190の攻撃にT-34が弱いというなら、非装甲の車両に生き延びる可能性すらなかったといえる。この写真はやはりリルジェーフでⅡ./Sch.G.1により吹き飛ばされたトラック46両のうち1両の残骸である。

空中を飛び交う弾丸の量は信じられないくらいだ。私は、もし彼らが馬から外すことができるなら、馬蹄さえも投げつけてきたはずだと断言する」

それは将来の地上攻撃任務にとって幸先がよい話ではなかった。

7月中旬にドイツ軍の攻勢が逸らされたのち、第1地上攻撃航空団第Ⅰ飛行隊（I./Sch.G.1）、第Ⅱ飛行隊（Ⅱ./Sch.G.1）のFw190はソ連軍の大反攻を支えるために必要な兵員、物資の補給路攻撃に一層集中して取り組んだ。次の報告に代表されるように、彼らはこうした非装甲車両に対しかなりの成功を収めた。

「7月11日に私はシュヴァルムを率いてクルスクへ向かった。我々は戦闘隊形に広がり、高度1500m付近を飛行した。夏の素晴らしい日で、空に敵戦闘機の影がなく、眼下に補給路が見えた。最初は動きがなかった。だがやがて巨大な埃の雲を巻き上げた南に向かうトラックの一団が現れた。たしかに彼らは急いでいる。燃料のドラム缶を満載した全部でおよそ12台のトラックであった。私はシュヴァルムをふたつのロッテに分け、低空攻撃を命じた。私のロッテは隊列の先頭を側面から攻撃し、残りのロッテは隊列の後尾から襲った。最初の航過ののち、1、2台のトラックが勢いよく燃え上がった。我々は幸運だ。燃料輸送隊を捕まえて、破壊を楽しんでいる。敵戦闘機はなく、地上からの反撃は軽微だ。15分後、そこには焼け焦げた12台の残骸以外は何も残っておらず、煙はおよそ500m〜700mの高さまで立ち昇った。我々地上攻撃部隊にとって目標はいくらでもあった。たしかに不満はもらしようがない」

だがこうした個々の攻撃は怒濤のごとく進撃するソ連軍に対しては、針でつつくほどの効果しか与えなかった。クルスク会戦の1カ月後、第1地上攻撃航空団第Ⅱ飛行隊はハリコフ地区へ後退した。先の報告は続く。

「あらゆる努力にもかかわらず、我が地上軍は赤軍の猛攻撃を食い止めることができなかった。ハリコフ＝ロガンの我々の基地の脇をハリコフへ通じる道が通っていた。その道は西方に向かう我が軍の歩兵でいっぱいだった。我々の整備兵が兵隊にどこに向かっていくのか、どんな命令を受けたか聞いたところ、彼らは師団の後衛でこの道を次にやって来るのはソ連軍だろう、と言われた。我々パイロットはこのニュースを聞いて誰も喜ばなかった。隊長にこのことを話し、隊長は飛行隊長に状況を説明した。大混乱が起きた。1時間以内に何もかもポルタヴァ北の飛行場、ボル＝ルドゥカへ送った。誰も我々の飛行隊に何が起こったかを教えてくれなかった。その日ロガンはソ連軍に占領された。しかし我々は飛行機、機材、それに整備兵を損害も出さずに何とか救うことができた。Ju52の搭乗員はこのころよくそうだったが、まさしく必要とするその場にいてくれた。輸送中隊の助けなしには、我々東部戦線のパイロットは多くの場面で跡形もなく消えてしまったことだろう。

「ボル＝ルドゥカは滑走路があるだけの飛行場だった。我々は旅まわりのサーカスのように到着し、作業場を作り上げた。誰もが為すべきことを知っており、すぐに北と北東に向けて作戦出動した。友軍の前線の正確な場所は不明で、我々の最初の仕事は前線部隊の位置を突き止めることだった。多くの部隊が

このボイラーに加えられた攻撃から、機関車もまた地上攻撃機パイロットが追い回す目標のひとつであることが判る。Ⅱ./Sch.G.1はクルスク大会戦で機関車45両を破壊する殊勲を立てた。

ボル＝ルトカで1943年8月27日に300回出撃を達成して整備兵から称賛を受け、よろこびをあらわにしているヘルマン・ブーフナー上級曹長。

前進するソ連軍の背後に取り残されていた。敵の攻撃の先鋒は南と南西に向かって深く食い込んでいた。彼らは我が前線の多くの地点を突破し、我々の背後に回ろうとしている、ということだけはたしかだった。

「我々の整備兵は素晴らしい。我々は最初の日の明かりから夕方遅くまで飛行した。主な任務はイヴァンの戦車部隊と補給線攻撃だ。我々の局所的な成功は巨大だったが、敵の前進する勢いを食い止めることはできなかった。また、Ju87を装備した急降下爆撃航空団はもはや1943年秋の状況に適応できないという事実も明らかになった」

地上攻撃航空団の編成
Schlachtgeschwader

事実、クルスク戦失敗のひとつの帰結として、長い間延び延びになっていたドイツ空軍の地上攻撃部隊と直協部隊の改編が実施された。この時まで全急降下爆撃飛行隊は爆撃機部隊の一部であり、爆撃機隊総監の支配下にあった。一方、地上攻撃飛行隊と高速爆撃飛行隊は、厳密な意味において「戦闘機」ではなかったが、戦闘機隊総監の支配下にあった。1943年10月18日以降は、これら三つの部隊はすべて空軍のなかでひとつの新しい独立した兵科である地上攻撃機隊に統合され、地上攻撃機隊総監の支配下に入った。この時存在していた急降下爆撃航空団(St.G.1、2、3、5、77)は2個飛行隊を除いて、公式に地上攻撃航空団(省略した表記はより簡単なSG)と改称された。

第1地上攻撃航空団の元の2飛行隊は新たに創出されたSGの2個飛行隊(Ⅱ.St.G2とⅠ./St.G77)が抜けた穴を埋めるために使われた。当初、抜けた2個飛行隊は急降下爆撃飛行隊の部隊名称をそのまま使い、急降下爆撃専門の半自立的な運用がされた。こうして第1地上攻撃航空団第Ⅰ飛行隊と第Ⅱ飛行隊はそれぞれ第77地上攻撃航空団第Ⅰ飛行隊(Ⅰ./SG77)と第2地上攻撃航空団第Ⅱ飛行隊(Ⅱ./SG2)に改編された。一方、第2地上攻撃航空団第Ⅰ飛行隊(Ⅰ./Sch.G.2)傘下の飛行隊と第10高速爆撃航空団(SKG10)は合体したのち、一連の改称を経てふたつの新しい地上攻撃航空団である第4地上攻撃航空団(SG4)と第10地上攻撃航空団(SG10)に生まれ変わった。

新名称に変わったが、元は急降下爆撃部隊だった地上攻撃航空団の大部分は相変わらずJu87を使い続けた。緊急でかつ増大する一方の本土防空と西部戦線におけるFw190の需要を満たすため、東部戦線は軍用機配分に関しては未だに貧弱な割当しかもらえなかったので、地上攻撃航空団のフォッケウルフへの転換は1944年春まで始まらなかった。それは機種転換課程が長いあいだ実施できない、ということも意味していた。そのため個々の飛行隊ごとに実施された転換訓練は、後方のどこかで幸運な者を相手に行われた6週間から8週間の「初期の」転換課程から、訓練内容は次第に低下し、数回の周回飛行と衝撃を伴う未熟な着陸訓練のあとで、より経験を積んだパイロッ

南方戦区における兵舎は、レニングラード戦区で戦闘機部隊員が享受しているようなロシア皇帝の宮殿に匹敵する豪華なものではなかった。Ⅱ./Sch.G.1ではテントか地面に掘った穴のなかで生活した。鉄カブトをタコつぼの縁に置き、若い地上攻撃機パイロットが出撃の合間にアコーディオンの練習をしている。クリミア平原における野ざらしの施設の様子が、このスナップ写真から容易にうかがえる。

1943年晩夏、トゥソウの地面に掘られたⅡ./Sch.G.1の「野方図で」複雑に発達した居住穴が、猛毒をもつクサリヘビに占拠された。その時、このレプザンフトゥ軍曹だけが有毒な爬虫類の捕獲にとても熟練していることを証明し、戦いに勝利した。彼はまさしく飛行隊一の毒ヘビ採りの座に着いた。

ここに専門家のための1枚の写真がある。ロシア語の説明文によれば、若い羊飼いふたりのための休息場になっているこの哀れなFw190の残骸は、1943年9月にウクライナのグルホフで撃墜されたことになっている。国籍標識の後方の縦棒から第Ⅲ飛行隊所属であることが判る。しかし、古いドイツ式書体で記入された「白の0」は正式の規定にのっとったものではない。第51戦闘航空団第Ⅲ飛行隊には個人主義者がひとりいたのであろうか。

トの編隊僚機としておよそ15回〜20回出撃するという具合になっていった。1945年1月に全課程が取りやめとなる以前は、これが最後の少数のパイロットがJu87を諦めてFw190に乗り換えて楽しむ転換課程のすべてであった。

そしてFw190を装備した第10地上攻撃航空団と第4地上攻撃航空団が、それぞれ1943年末と1944年半ばまでは地中海戦域から東部戦線へ移動しなかったため、クルスク攻勢以来の地上攻撃飛行隊で、第77地上攻撃航空団第Ⅰ飛行隊と第2地上攻撃航空団第Ⅱ飛行隊に改編された2個飛行隊のみが、その年の終わりまで、東部戦線におけるFw190装備の地上攻撃部隊であり続けた。その間の大半は作戦可能機数が合計40機をいくらか下回っており、南西方面の黒海へ向かったソ連軍13個軍の進撃を押し止めることはほとんどできなかった。

本格的な冬の前触れとなる、最初の降雪に見舞われた2機の第2地上攻撃航空団Ⅱ飛行隊(Ⅱ./SG2)所属機は、だだっ広い草原からの次の出撃に備えて爆装を完了している。左手前の飛行隊付副官の機体にはサンド・フィルターが付いているが、雪が夏の埃を覆うことはすぐに不要となる。この地区の施設が仮設建築物であることは、下の写真をよく調べれば判るだろう。

■ T-34の襲撃
Assault of T-34 Tanks

前年8月にハリコフ=ロガンから大急ぎでボル=ルドゥカへ撤退したあの飛行隊は、1944年1月初めまでに、さらに後方への撤退を余儀なくされた。彼らはいまやキロヴォグラードの西に位置するマラヤ=ウィスキイというおかしな名前の前線飛行場におり、第52戦闘航空団第Ⅱ飛行隊(Ⅱ./JG52)のBf109Gとそこを共同使

1943年の遅い時期に、まだ冬季迷彩に塗られていない地上攻撃部隊のFw190Fが、テントか巣穴から出てくるのパイロットを、爆装して静かに待つ。

用していた。ここではII./SG2 (第2地上攻撃航空団第II飛行隊) という新たな部隊名に変っていたが、さらにきわどく難を逃れる経験をした。秋にそこを撤収した際の模様を、ヘルマン・ブーフナー上級曹長が次に述べる。

「これまではきわめて寒い天気で、正直、よいとはいえなかった。視界はせいぜい数kmで、軽く吹雪が舞っていた。イヴァンの戦車がキロヴォグラードを突破したため、いずれにしても我々の前途は有望というわけではなかった。南西に向かう道路は彼らの師団規模の戦車や補給部隊であふれ返っていた。我々は手一杯だった。第52戦闘航空団第II飛行隊のBf109の援護を受け、急降下爆撃飛行隊の協力を得て低空攻撃を続けた。朝から晩まで飛び続け、イヴァンには随分と嫌われてしまった。その結果は長く待たずにやってきた。1月13日の夜に敵戦車の一隊が我々の飛行場に侵入しようとしたのである。

真冬にFw190Fがまとうものの何と大袈裟なことか。暖房用トロリーとテントは数が少なく、部分的な使用にとどまった。真冬野外で作業をするのは、いかに短時間といえども整備兵にとってあまりに過酷なため、野外整備用のテントが用意されていた。「白のN」は胴体国籍標識の白い部分の明度を落としているにもかかわらず、手付かずの中隊記号によって、全体の効果がいくらか損なわれていることに注目。

「真夜中ごろ警報が鳴り響き、副官がパイロットたちを起こした。我々は村の学校に居住していたが、各自勝手に飛行場へ向かい中隊の駐機場に集結せよ、との命令を受けた。歩兵を載せたソ連軍のT-34が村に侵入し、第52戦闘航空団第II飛行隊の駐機場がある飛行場東端を突破した。8機のBf109が尾部を敵戦車に踏まれ破壊された。他のT-34は第52戦闘航空団第II飛行隊の作戦壕の上を通過し、天井が抜けて下の壕に落ちた。飛行場の20mm4連装対空機銃はソ連軍歩兵を相手に戦っていた。我々パイロットと整備兵は飛行場の西の縁にいた。その場所もソ連軍の蹂躙に遭うようならば、Fw190と技術関係装備の爆破ができるように準備せよ、という命令を我々は受けていた。緑の発煙弾が飛行隊作戦室から発射されたら、命令が実

行される手はずになっていた。その後、我々は徒歩で西に向かう予定であった。月のない真っ暗な夜で、凍える寒さだった。午前3時ころ、ぼんやりした人影が近付いてきた。それは第52戦闘航空団第Ⅱ飛行隊長代理を務めていたゼップ・ハイベック大尉で、彼はBf109の大部分を敵戦車に潰されてしまったと教えてくれた。

「我々の保有していた20mm対空機銃を搭載した車両は、暗闇のなかを飛行場東縁の戦闘に参加するため行ってしまった。基地のより大口径の88mm高射砲はT-34との撃ち合いにいくらか成功した。我々は寒さに震えながらただ立って、命令を待っていた。夜明けが近付くにつれ、飛行場を伝わって来る戦闘の騒音は次第に小さくなっていった。最初の日の明かりとともに、3機のHe111が明らかに我々を爆撃する意図で低空を爆音を轟かせてやってきた。彼らは飛行場が敵に占領されたと思っているに違いない。我々は最後の瞬間まで彼らをくい止めるべく、識別用発煙弾を発射した。それからシュトゥーカがやってきて、東の縁のあたりで標的を探していた。我々はシュトゥーカの1機がソ連軍の対空戦車に撃墜されるのを真近かで見た。搭乗員は幸運にもパラシュート降下に成功した。

「それはてんてこ舞いの夜であったが、まだ終わってはいなかった。10時ころ、我が軍の自走対空砲が歩兵を載せて村からやってきて、突破された穴を塞ごうとした。敵戦車はすべて破壊され、歩兵は死ぬか捕虜となった。我々はふたたび息を継ぐことができた。Fw190は無傷だった。だが第52戦闘航空団のBf109はすべて破壊され、作戦壕がT-34に踏みつぶされた時にひとりの不運な飛行隊本部事務兵が下敷きになった。

「昼までにはいつもの任務に戻ることができた。飛行隊長は新たな命令を下した。私にとってそれは、パイロットを連れて行きウマンの補給廠から新品のFw190を4機集めて来い、というものであった」

■ ブーフナーの回想
Buchner Recalls:

第2地上攻撃航空団第Ⅱ飛行隊はクリミアから撤退したすぐあとに、最初はクランクート、次はシェーソン南に、第52戦闘航空団第Ⅱ飛行隊のBf109とまたも一緒に展開した。このところの激しい戦闘の結果、第52戦闘航空団第Ⅱ飛行隊の作戦可能機数は一桁台に落ち込んでいた。第2地上攻撃航空団第Ⅱ飛行隊のFw190A-5/U1は地上攻撃任務だけでなく、包囲されたクリミア半島橋頭堡上空での制空戦闘にも巻き込まれた。ここで第6中隊のヘルマン・ブーフナー上級曹長が述べる、この時期に典型的な2機のFw190と2機のBf109から成るシュヴァルムの出撃の模様を引用する。

「11時少し前、我々は離陸のためタキシングを始めた。不幸にも私の編隊僚機が最近爆弾によって開いたばかりの穴を見落として、機首を突っ込んで逆立ちし、そこで彼の任務は終わった。私は離陸地点にいくらか遅れて到着し、そこで1機のBf109だけが待っているのを見つけた。明らかに彼の僚機もまた何らかの面倒に巻き込まれたようだ。

「そのBf109は(実際はそこにいなかったが、第52戦闘航空団第Ⅱ飛行隊長であの伝説的なエーリヒ・ハルトマンに次ぐ世界第2位の最終撃墜戦果301機という記録をもつ、ゲーアハルト・バルクホルン大尉の乗機と推定される)黒い二重シェヴロンを胴体に記入していた。そのパイロットは身振りで自分が編隊

戦闘による疲労を見せるヘルマン・ブーフナーが、1944年3月に500回出撃を達成し祝福を受けているところ。クリミアのクランクートにて撮影。

1944年4月、チェルソンにおけるⅡ./SG2の作戦指令壕で打ち合わせる、第6中隊長エルンスト・ボイテルスパッハー中尉(右)と氏名不詳の同中隊パイロット。ボイテルスパッハーは翌月に騎士鉄十字章を授与されるが、7月にはルーマニア上空でアメリカ軍戦闘機との空戦により戦死する。

ヘルマン・ブーフナーの600回出撃は、500回出撃を達成してからわずか2カ月後の1944年5月に、ルーマニアのバカウで祝われた。彼は機付長（右後方の人物）や、有名なヴォルフラム・フォン・リヒトホーフェン将軍の息子でブーフナーの編隊僚機を務めたパイロットであり、生き生きした顔のヴォルフガング・フォン・リヒトホーフェン（左の人物）に囲まれ、乗機のFw190F-8「緑のY」の脇に立っている。フォン・リヒトホーフェン等飛行兵は1944年6月5日にルーマニアのヤシィ上空でFw190「緑のG」による空戦で行方不明となった。

これはブーフナー上級曹長が1944年7月20日に騎士鉄十字章を授与された時に撮影された写真。トリミングのため切られているが、彼はドイツ十字章を右の胸ポケットに、地上攻撃機の従軍記念略章、パイロット記章、名誉負傷記章とクリミア戦役盾を左の袖に付けている。

敵機撃墜に関してもっとも成功した地上攻撃機パイロットは、第5地上攻撃航空団第5飛行隊（5./SG2）のアウグスト・ランベルト少尉である。1944年5月、クリミアでの撮影。1945年4月に撃墜されるまでに、ランベルトは116機の撃墜戦果をあげた。

長として飛ぶと伝えてきた。我々は西に向かって離陸し、すぐに私のFw190がBf109に対する定位置に止まらず、前に出たがるのが判った。

「地上の管制官から最初の指令が届いた時は、黒海上空の高度1000m付近を飛行していた。『セヴァストポリ港の上空にインディアナー［インディアンという意味だが、敵戦闘機を示す符丁］、高度は3000mから4000m』」

「『編隊長』は私が彼の背後を援護し、注意深く敵機をさがしているあいだも上昇し続けた。やがてセヴァストポリの西から接近しながら高度4000mに到達した。その時やや下方に敵機を発見。戦闘機だ。『編隊長』の声がヘッドフォンに鳴り響く。『やるぞ！』」

「彼が攻撃のため降下すると、敵は散開した。それらはYak戦闘機で、約10分間も横転や旋回による格闘戦を続けたが、1機の撃墜戦果も得られなかった。それから敵は離脱した。地上の管制官がただちに呼び掛けてきた。『バラクラヴァ地区へ向かえ。Iℓ-2とインディアナーの大きな編隊がいる』」

「Bf109は速度を下げ、そのパイロットは私に編隊長になれと知らせてきた。いまや私が先頭でメッサーシュミットが背後を守っている。すぐにバラクラヴァへ接近し、友軍の対空砲火による爆発煙が見えてきた。またもやYak-9相手の乱暴な格闘戦に入り、今度は私が1機撃墜に成功した。そいつは地面に激突して燃え上がった。残りのインディアナーは東に離脱した。遙か低空ではIℓ-2がバラクラヴァ北の友軍の拠点を攻撃中だった。すぐに高度を下げ、敵シュトゥルモヴィクの後方に急降下した。何回かの銃撃により1機のIℓ-2を何とか撃墜した。そいつは左翼から炎を発し、ひっくり返って地面に激突した」

上に述べた2機の撃墜戦果だけでなく、ヘルマン・ブーフナーは最終撃墜数58機の戦果をあげた。最初は1942年2月に第2地上攻撃航空団第Ⅱ飛行隊（Ⅱ./Sch.G.1）に配属され、その戦歴は壮観としか言いようのないものであった。5回撃墜され、2回パラシュート降下し、二度負傷した。東部戦線で彼は46機の撃墜戦果をあげ、同数の戦車を破壊し、装甲列車を1編成撃破した。騎士鉄十字章を授与されて少尉に進級したブーフナーは、大戦末期には本土防空戦でMe262に搭乗して12機の4発重爆撃機を撃墜し、その結果、柏葉騎士鉄十字章の推薦を受けた。

1944年半ばにルーマニア上空での空戦から生還したブーフナーが、彼のシュヴァルムの隊員2名と冗談を交わしている。服装が3名とも不揃いなことに注目。

地上攻撃機パイロットの最高位エース
The Highest Scoreing Schlactflieger

だが、クリミア戦役の最終段階になると、第2地上攻撃航空団第Ⅱ飛行隊のひとりの隊員がほかの誰もかなわない偉業を成し遂げた。ドイツ軍が最終的にクリミアを撤退するまでの約6カ月間の戦闘で、およそ604機のソ連軍機が撃墜された。そのうちおどろくなかれ247機は第2地上攻撃航空団第Ⅱ飛行隊のFw190による戦果である。さらにおどろくことは、同部隊の戦果の3分の1以上はただひとりの人物があげたものである。第5中隊のアウグスト・ランベルト少尉はちょうど3週間で70機以上を撃墜し、一日に12機、14機、17機という固め撃ちも成し遂げたのだ。1944年5月に彼は90機撃墜の功で騎士鉄十字章を授与された。クリミアが敵の手中に落ちたあとで、ランベルトは1943年4月に第2地上攻撃航空団第Ⅱ飛行隊（Ⅱ./Sch.G.2）に配属される以前に務めていた教官職に戻った。彼は大戦終結の数週間前に前線勤務へ復帰し、アメリカ軍のマスタングに撃墜され戦死した。最終撃墜戦果116機は東部戦線だけであげたもので、地上攻撃機パイロットすべてのなかで最多の撃墜数を誇った。

春のぬかるみのなか、「彼の」Fw190F-8の前でポーズをとるブーフナーの機付長ヴィーツォレク軍曹。

戦死者たち。ボイテルスパッハー中尉（左）とランベルト少尉（右）は地上攻撃機パイロットで、ともに騎士鉄十字章を授与され、そしてともにアメリカ軍戦闘機に殺された。この1944年にルーマニアで撮影された写真のなかのふたりは、それぞれ授与された勲章で飾り立てている。

1944年にチェコスロヴァキアで米陸軍航空隊のP-38に撃墜され戦死したⅡ./SG2のパイロットが、プロスニツに埋葬される。大戦のこの時期になると、軍人墓地は撃墜された地上攻撃機パイロットのため、じきに満員となった。

カラー塗装図
colour plates
解説は94頁から

以下のカラー図版では、東部戦線においてFw190に搭乗したドイツ空軍エースの乗機を多数掲載した。大多数の機体は初めてここに図版を示すものであり、そのほとんどは部隊章と方向舵の撃墜マーキングを記入されていないものの、迷彩の変化には目を見張る。次第に拡充しつつある本シリーズの他のタイトルと同様に、図版はこの本のために描かれたものであり、著者で画家のジョン・ウィールと人物画を担当したマイク・チャペルはいずれも克明な調査により、できる限り正確に機体と人物を描こうと努めた。

1
Fw190A-8 「黒の二重シェヴロン」 1945年2月ころ メクレンブルク
第1戦闘航空団第II飛行隊長パウル=ハインリヒ・デーネ大尉

2
Fw190A-8 「黄の1」 1945年3月 ガルツ／ウーゼドム
第1戦闘航空団第7中隊長ベルント・ガロヴィッチ少佐

3
Fw190D-9 「黒の二重シェヴロン」 1945年3月 プレンツラウ
第3戦闘航空団第IV飛行隊長オスカー・ロム中尉

4
Fw190D-9 「黒いシェヴロンと横棒」 1945年1月ころ オーデル戦線
第4戦闘航空団司令ゲーアハルト・ミカルスキ中佐

5
Fw190A-3 「黒の1」 1943年6月ころ フィンランド北部のペッツァモ
第5戦闘航空団第14中隊(ヤーボ)隊長フリードリヒ=ヴィルヘルム・シュトゥラケルヤーン大尉

6
Fw190D-9 「黒いシェヴロンと横棒」 1945年1月ころ 低地シレジア地方
第6戦闘航空団司令ゲーアハルト・バルクホルン少佐

7
Fw190A-8 「黒の二重シェヴロン」 1945年2月ころ ブランデンブルク
第11戦闘航空団第Ⅲ飛行隊長ヘルベルト・クッチャ大尉

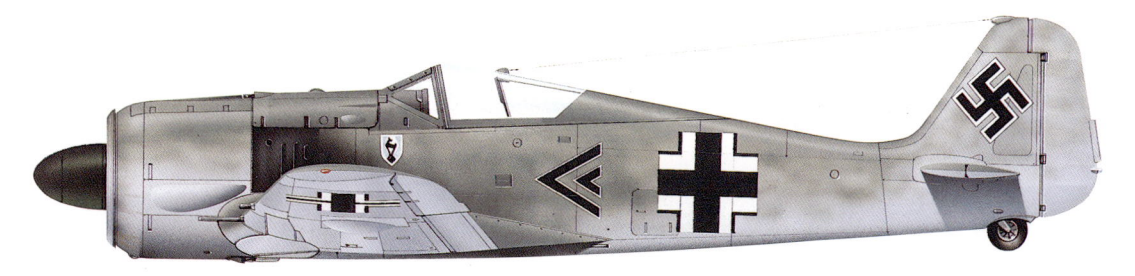

8
Fw190A-3 「黒の二重シェヴロン」 1942年8月 プロイセン東部
イェーザウ 第51戦闘航空団第I飛行隊長ハインリヒ・クラフト大尉

9
Fw190A-5 「黒の二重シェヴロン」 1943年5月ころ オリョール
第51戦闘航空団第I飛行隊長エーリヒ・ライエ少佐

10
Fw190A-3 「黒の二重シェヴロン」 1943年1月 ロシア
イヴァン湖 第51戦闘航空団第I飛行隊長ルードルフ・ブッシュ大尉

11
Fw190A-3 「黄の9」 1942年12月 ヴァージマ
第51戦闘航空団第3中隊長ハインツ・ランゲ大尉

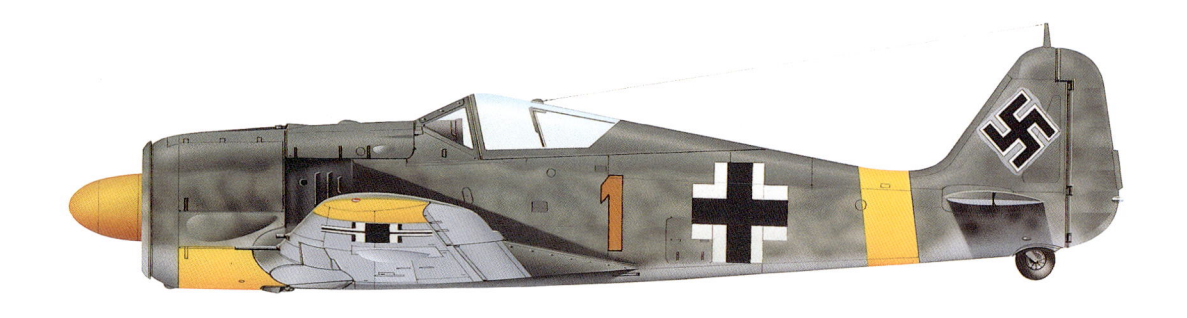

12
Fw190A-4 「黄の1」 1943年6月 オリョール
第51戦闘航空団第3中隊ヘルベルト・バロイター上級曹長

13
Fw190A-4 「黄の5」 1943年6月 オリョール
第51戦闘航空団第3中隊ヨーゼフ・イェンネヴァイン少尉

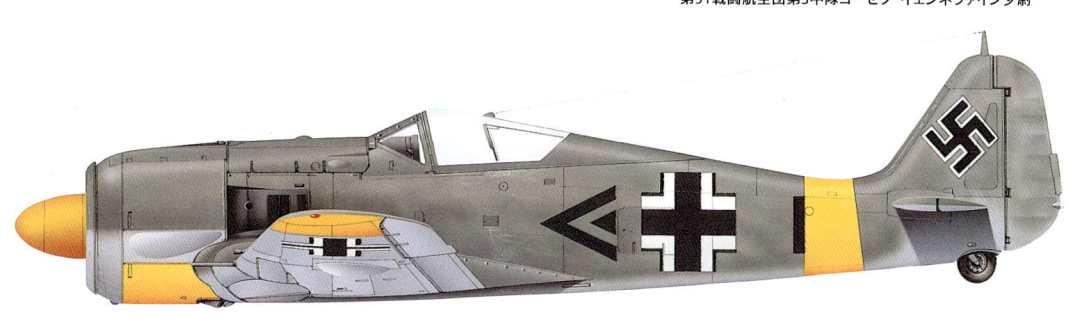

14
Fw190A-5 「黒の二重シェヴロン」 1943年7月 クルスク
第51戦闘航空団第Ⅲ飛行隊長フリッツ・ロージヒカイト大尉

15
Fw190A-3 「白の11」 1943年1月ころ オリョール
第51戦闘航空団第7中隊長ヘルベルト・ヴェーネルト大尉

16
Fw190D-9 「白の1」 1945年4月 ポンメルン(ポメラニア) シュモルドウ
第51戦闘航空団第13中隊長クルト・タンツァー少尉

17
Fw190A-8 「黄の3と横棒」 1944年11月 メーメル
第51戦闘航空団本部中隊ヘルムート・ヨーネ軍曹

18
Fw190A-8 「黒の6と横棒」 1944年7月ころ オルシャ
第51戦闘航空団本部中隊フリッツ・リュデッケ上級曹長

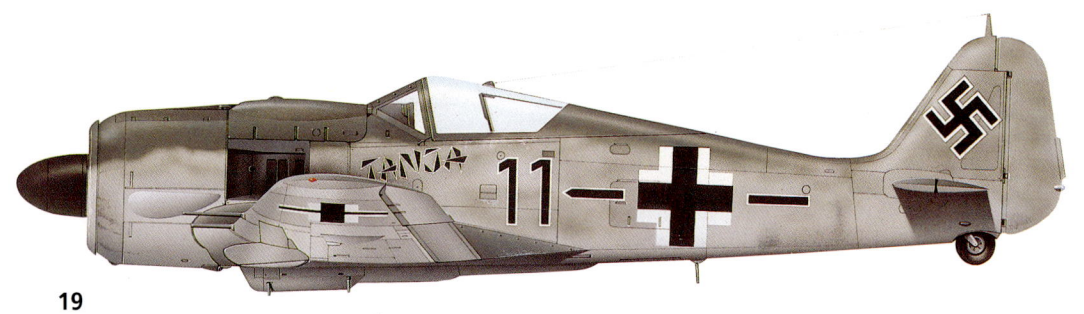

19
Fw190A-8 「黒の11と横棒」 1944年9月ころ ズィッヒェナウ
第51戦闘航空団本部中隊ギュンター・ハイム少尉

20
Fw190A-8 「黒の12と横棒」 1944年11月　プロイセン東部　ノイクーレン
第51戦闘航空団本部中隊ヨハン・メーアベラー曹長

21
Fw190A-4 「黒の二重シェヴロンと横棒」 1942年12月ころ　クラスノグヴァルデーイスク
第54戦闘航空団司令ハンネス・トラウトロフト中佐

22
Fw190A-4 「白のシェヴロンと横棒」 1943年8月ころ　クラスノグヴァルデーイスク
第54戦闘航空団司令フベルトゥス・フォン・ボニン少佐

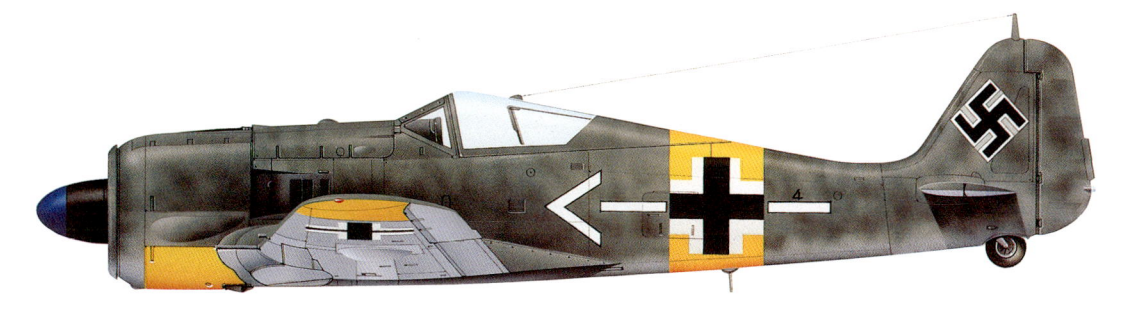

23
Fw190A-5 「白のシェヴロンと横棒」 1943年11月ころ　東部戦線中央戦区
第54戦闘航空団司令フベルトゥス・フォン・ボニン少佐

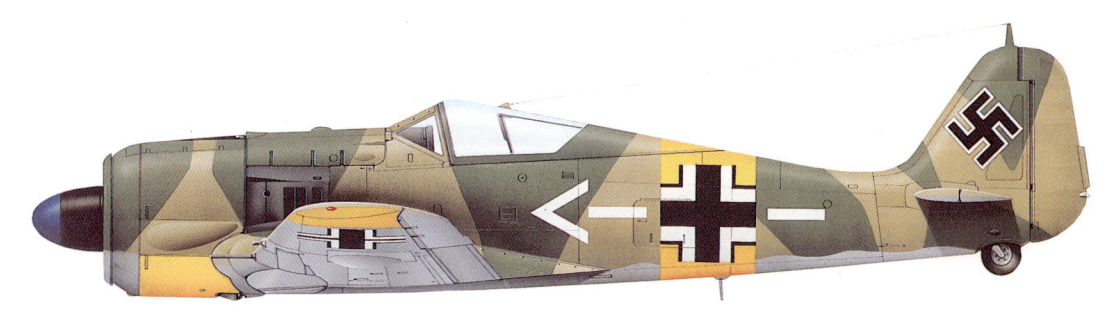

24
Fw190A-6 「白のシェヴロンと横棒」 1944年7月 エストニア ドルパト
第54戦闘航空団司令アントン・マーダー中佐

25
Fw190A-4 「黒の二重シェヴロン」 1943年1月ころ クラスノグヴァルデーイスク
第54戦闘航空団第I飛行隊長ハンス・フィリップ大尉

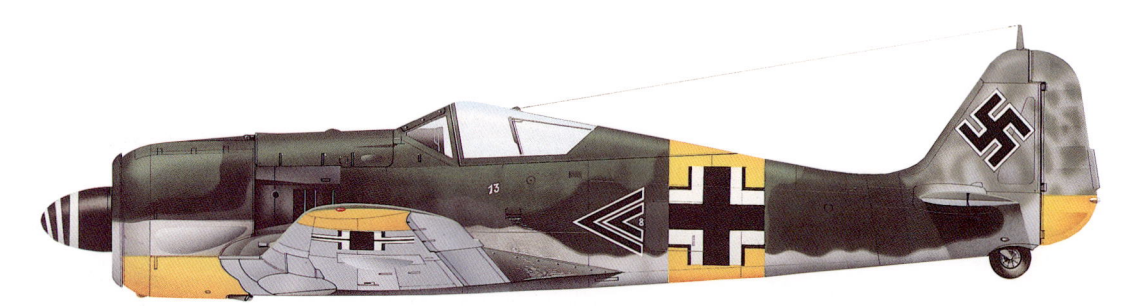

26
Fw190A-6 「黒の二重シェヴロン」 1943年1月ころ ヴィーテプスク
第54戦闘航空団第I飛行隊長ヴァルター・ノヴォトニー大尉

27
Fw190A-8 「黒の二重シェヴロン」 1944年11月ころ クールランド シュルンデン
第54戦闘航空団第I飛行隊長フランツ・アイゼナハ大尉

28
Fw190A-4 「白の8」 1942年11月 クラスノグヴァルデーイスク
第54戦闘航空団第1中隊長ヴァルター・ノヴォトニー少尉

29
Fw190A-4 「白の10」 1943年春 クラスノグヴァルデーイスク
第54戦闘航空団第1中隊長ヴァルター・ノヴォトニー少尉

30
Fw190A-5 「白の5」 1943年6月ころ クラスノグヴァルデーイスク
第54戦闘航空団第1中隊長ヴァルター・ノヴォトニー中尉

31
Fw190A-6 「白の12」 1943年 東部戦線中央戦区
第54戦闘航空団第1中隊長ヘルムート・ヴェトシュタイン少尉

32
Fw190A-8 「白の1」 1944年9月ころ　ラトビア　リガ=シュクルテ
第54戦闘航空団第1中隊長ハインツ・ヴェルニッケ少尉

33
Fw190A-8 「白の12」 1944年11月　クールランド　シュルンデン
第54戦闘航空団第1中隊長ヨーゼフ・ハインツェラー中尉

34
Fw190A-3 「白の9」 1943年1月ころ　クラスノグヴァルデーイスク
第54戦闘航空団第1中隊　カール・シュネーラー曹長

35
Fw190A-4 「白の2」 1943年春　クラスノグヴァルデーイスク
第54戦闘航空団第1中隊　アントン・デーベレ上級曹長

36
Fw190A-4 「白の3」 1943年7月　オリョール
第54戦闘航空団第1中隊　ペーター・ブレマー曹長

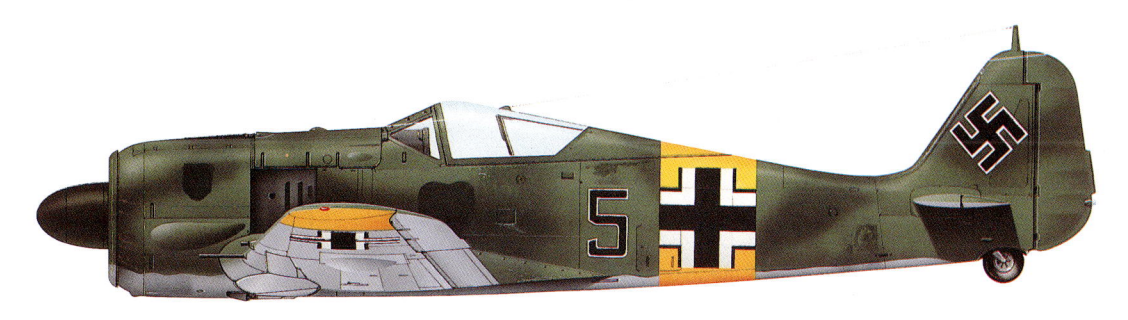

37
Fw190A-4 「黒の5」 1943年7月ころ
第54戦闘航空団第2中隊長ハンス・ゲッツ大尉

38
Fw190A-4 「黒の11」 1943年2月　クラスノグヴァルデーイスク
第54戦闘航空団第2中隊　ハンス=ヨアヒム・クロシンスキ曹長

39
Fw190A-6 「黄の5」 1944年8月ころ　リガ=シュクルテ
第54戦闘航空団第3中隊　オットー・キッテル中尉

40
Fw190A-5 「黄の8」 1943年6月ごろ オリョール
第54戦闘航空団第3中隊 ロベルト・ヴァイス少尉

41
Fw190A-6 「黒の二重シェヴロン」 1944年6月 フィンランド インモラ
第54戦闘航空団第Ⅱ飛行隊長エーリヒ・ルドルファー少佐

42
Fw190A-6 「黒の5」 1943年晩春 シヴェルスカヤ
第54戦闘航空団第5中隊 マックス・シュトッツ中尉

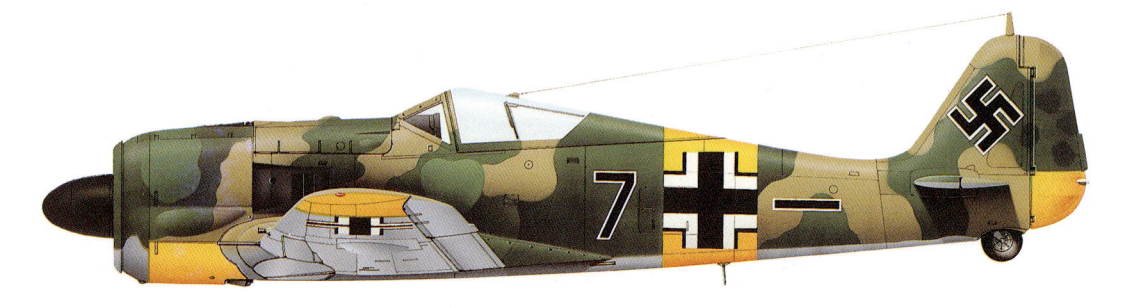

43
Fw190A-6 「黒の7」 1943年夏 東部戦線北方戦区
第54戦闘航空団第5中隊 エミール・ラング少尉

44
Fw190A-4 「黒の12」 1943年5月ころ シヴェルスカヤ
第54戦闘航空団第5中隊 ノルベルト・ハニヒ士官候補生

45
Fw190A-4 「黄の6」 1943年2月 リェルビツィ
第54戦闘航空団第6中隊長ハンス・バイスヴェンガー中尉

46
Fw190A-9 「黄の1」 1945年2月 クールランド リバウ=クロビン
第54戦闘航空団第6中隊長ヘルムート・ヴェトシュタイン大尉

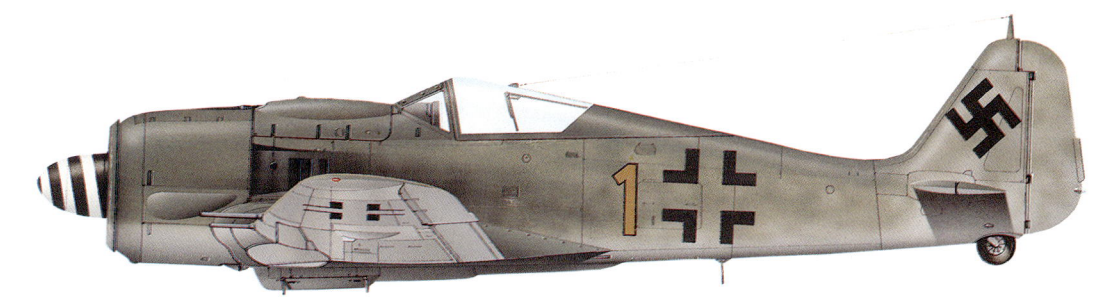

47
Fw190A-8 「黄の1」 1945年1月ころ クールランド リバウ=クロビン
第54戦闘航空団第7中隊長ゲルト・ティベン少尉

48
Fw190A-4 「黄の2」 1943年3月ころ 第54戦闘航空団第6中隊
ハインリヒ・シュテアー上級曹長

49
Fw190A-8 「白の3」 1944年夏　ポーランド　レムベルグ(ルオウ)
第54戦闘航空団第10中隊長カール・ブリル中尉

50
Fw190F-2 「黒のシェヴロンと横棒」 1943年夏　ヴァルヴァロウカ
第1地上攻撃航空団司令アルフレート・ドゥルシェル少佐

51
Fw190F-2 「黒の二重シェヴロン」 1943年2月ころ　ハリコフ
第1地上攻撃航空団第I飛行隊長ゲオルグ・デアフェル大尉

52
Fw190F-2 「黒のシェヴロン」 1943年7月　ヴァルヴァロウカ
第1地上攻撃航空団第5中隊長カール・ケネル中尉

53
Fw190F-2 「白のA」1943年5月ころ　ウクライナ
第1地上攻撃航空団第6中隊　フリッツ・ザイファルト少尉

54
Fw190F-2 「黒のT」　1943年9月　南方戦区　第1地上攻撃航空団第8中隊
オットー・ドメラツキ上級曹長

55
Fw190D-9 「黒のシェヴロンと横棒」　1945年4月　グロッセンハイン
第2地上攻撃航空団司令ハンス=ウールリヒ・ルーデル大佐

56
Fw190F-2 「黒の二重シェヴロン」　1944年4月　クリミア半島カランクート
第2地上攻撃航空団第Ⅱ飛行隊長ハインツ・フランク少佐

57
Fw190F-9 「黒の二重シェヴロンと2」 1944年12月ころ ハンガリー
ベルゲンド 第2地上攻撃航空団第Ⅱ飛行隊長カール・ケネル少佐

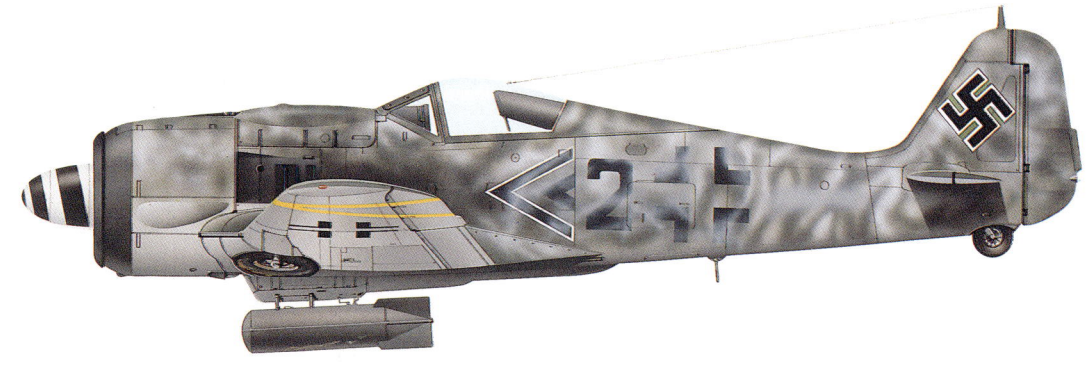

58
Fw190F-8 「黒のシェヴロン」 1944年6月 ルーマニア ツィリステア
第2地上攻撃航空団第4中隊長ヘルマン・ブーフナー少尉

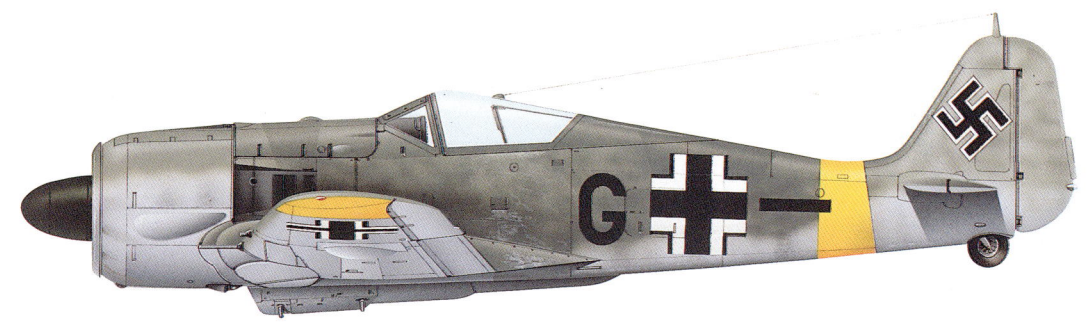

59
Fw190A-5 「黒のG」 1943年後半 南方戦区 第2地上攻撃航空団第5中隊
アウグスト・ランベルト上級曹長

60
Fw190F-8 「黒のシェヴロンと緑のH」 1944年5月 ルーマニア バカウ
第2地上攻撃航空団第6中隊長ギュンター・ブレックマン大尉

パイロットの軍装
figure plates

解説は102頁から

2
地上攻撃機パイロットの
最高位エースとなった、
第2地上攻撃航空団第5中隊（5./SG2）
のアウグスト・ランベルト少尉
1944年初頭

3
第54戦闘航空団（JG54）司令を
長期間務めた
ハンネス・トラウトロフト中佐
1943年秋

1
東部戦線でFw190に搭乗したパイロットの
最高位エースとなった、第54戦闘航空団
第3中隊（3./JG54）のオットー・キッテル上級曹長
1944年初頭　北方戦区

4
軽い夏用制服を着た第2地上攻撃航空団
第4中隊（4./SG2）のヘルマン・ブーフナー上級曹長
1944年春

6
第51戦闘航空団（JG54）隊員だった
間に189機の撃墜戦果をあげた、
ヨアヒム・ブレンデル中尉の
出撃の合間の姿　1944年春

5
愛機に向う、もっとも有名な
Fw190パイロットの
ヴァルター・ノヴォトニー
1943年10月

ベラルーシ攻勢
June 1944

　第2地上攻撃航空団第Ⅱ飛行隊はクリミア半島に4カ月以上も封じ込められていたが西へ向かい、黒海を横断して1944年5月上旬にルーマニアへ後退した。彼らは当初、バカウに駐留し第10地上攻撃航空団第Ⅰ飛行隊と基地を共用した。元は急降下爆撃航空団だった地上攻撃部隊にとって、ようやく機種転換が始まった。

　東部戦線の南方戦区と中央戦区にはFw190装備の7個地上攻撃飛行隊が展開していた。かつて地中海戦域に派遣されていたこともある第10地上攻撃航空団は、正規の航空団規模である3個飛行隊を擁していた。第10地上攻撃航空団第Ⅰ飛行隊（Ⅰ./SG10）と第Ⅱ飛行隊（Ⅱ./SG10）は第2地上攻撃航空団第Ⅱ飛行隊とともにルーマニアに展開していた。第10地上攻撃航空団第Ⅲ飛行隊（Ⅲ./SG10）は第77地上攻撃航空団第Ⅰ飛行隊（元はSch.G.1第Ⅰ飛行隊）、最近転換した第Ⅱ飛行隊（Ⅱ./SG77）とともにポーランド南部に展開していた。中央戦区では相変わらず1個飛行隊、それも最近Fw190に転換したばかりの第1地上攻撃航空団第Ⅲ飛行隊（Ⅲ./SG1）だけが在った。

　この「戦力増強」（5月にFw190の作戦可能機数は7個飛行隊全部を合計すると197機に達したが、これは前月から3倍以上も増加した数字であった）は時期に適っていた。ドイツ軍がクルスクから退却したあとの、ソ連軍の一連の反攻はようやく停止した。だが休止はほんの一時的なものだった。スターリンはドイツの東側国境まで赤軍を進撃させるという強力な「ベラルーシ攻勢」を6月に開始した［1944年6月23日、ソ連軍は夏期大攻勢作戦、暗号名「バクラチオン」を開始。これはベラルーシを奪回・突破し、一気にポーランド進攻への足がかりをつくるという、大戦におけるソ連軍最大の作戦のひとつであった］。

　東部戦線のこの大戦末期にあってさえも、地上攻撃機勢力が急成長を遂げたのは、控え目な楽天的観測を導く原因となったかもしれない。だが、クルスク攻勢後の東部戦線主方面におけるFw190の存在がいったい何だというのだろうか。1944年6月にソ連空軍の保有機数は13500機近くに達したと推定されるが、同時期に作戦可能なFw190は過去最低の31機にまで減少していたのである。

chapter 8
第51戦闘航空団、Bf109に再転換
JG51 reverts to type…

　第51戦闘航空団にとって第Ⅳ飛行隊（Ⅳ./JG51）がクルスク攻勢直後にBf109へ転換したことは、災いの明確な兆しだった。そして、その後の出来事

は第51戦闘航空団の未だFw190を使用していた2個飛行隊を機種転換する、という補給問題に関してはほとんど解決とならなかった。進撃してきたソ連軍に追い立てられ、大急ぎでオリョールから撤退せざるを得ない状況で、第51戦闘航空団第I飛行隊、第III飛行隊は遥かに混乱し、人員が溢れ返っていたブリャーンスクへ最初は後退した。だが、彼らはそこに長くはとどまっていなかった。エーリヒ・ライエ少佐が指揮する第I飛行隊は、ハリコフに対するソ連軍の圧力が増大しつつある、ポルタヴァ地区支援のためすぐに南方へ派遣された。フリッツ・ロージヒカイト大尉指揮下の第III飛行隊はスモレンスクを敵から封じ込めるため、最初は北西に送られた。だが赤軍がキエフを目標とした新たな攻勢に出た時、急きょ第III飛行隊もまたウクライナへ派遣された。

　大戦のこうした動きとそれに続く連続した撤退は、1943年以降の時期を特徴付けることになる。保有機の事故率が上昇し、故障修理中の機体は大急ぎで撤退するたびに放棄されるか、爆破されることで、機材の喪失数が大きかった。8月までに両飛行隊は戦力が半減か、それ以下にまで低下した。その後の数カ月間にこの状況が改善することはめったになかった。

　だが多くの困難を抱えながらも、撃墜戦果は上昇し続けた。まとめて述べると、6月2日に第51戦闘航空団は通算撃墜数5000機に達した。9月15日までにこの数字は7000機に跳ね上がり、1944年4月末までにはもう1000機を追加した。個人的にはこの期間に多くのエクスペルテンが撃墜戦果100機以上に達した。第I飛行隊長エーリヒ・ライエ少佐、「虎のライエ」と呼ばれた彼は11月11日に100機目に到達した。ヨアヒム・「アッヒム」・ブレンデル中尉は長期間ライエの飛行隊に属していたが、彼の11日後にやはり100機目に到達した。第51戦闘航空団第III飛行隊では2名の未来の中隊長がとりわけ成功を収めた。カール=ハインツ・ヴェーバー中尉は8月13日に100機撃墜に達した。またギュンター・シャック少尉は8月ひと月で40機を撃墜し、9月3日には100機目に到達した。

ギュンター・シャックの戦い
Günter Schack's Report

　このころのギュンター・シャックの報告書からの抜粋は、晩夏から初秋にかけての大混乱を明らかにする。

「8月7日。我々はスモレンスク東の小さな飛行場に移動する。

「8月8日。気球が1600時(午後4時)に上がる。我々は爆撃機を護衛してイェルニャに向かう。午後遅くに全飛行隊が緊急発進する(各中隊は作戦可能機数が4機以下になっていた)。低空を飛行するソ連軍機がヤルゼヴォで目撃された。私が最初に彼らのところへ到達した。動かないアヒルを撃つような楽な仕事だったので、基地へ帰還した時に翼を2回振った[2機撃墜を地上の者に知らせた、という意味]。私のロッテは燃料や弾薬の補給を待たずにただちに離陸せよと命じられた。我々は他の爆撃機編隊を護衛した。目標上空の高度4800mで敵戦闘機が2機攻撃してきた。1機はすぐに炎に包まれて爆撃機のそばを落ちていき、残りは素早く離脱していった。3度目の出撃で40機の戦闘機が護衛する25機のゼメンターズ[セメント屋という意味だが、Il-2シュトゥルモヴィクを意味する符丁]と遭遇した。我々は2機しかいなかったので、一番高い位置にいる敵機まで上昇し2機を撃墜した。我々は以前の東部戦線では決して経験したことがないほどの、数的優位を保った敵と毎日戦わねばなら

なかった。それは多数の戦闘機に護衛された大規模な爆撃機編隊である」

翌日、シャックは70機目を撃墜するが彼のFw190は返り討ちにあい、機関砲弾で2カ所、機関銃弾でも2カ所を撃たれた。4日後、彼は500回出撃を記録し、その間に4機を撃墜する戦果をあげ、通算撃墜数を75機とした。8月15日に第9中隊の若いパイロット2名とともにJu87の護衛に当たっていたシャックは、危機一髪の経験をした。欠陥のある射撃照準器のため、ソ連軍戦闘機の撃墜にいつもより長い時間を要した。2名の戦友とははぐれてしまい、彼の撃墜を確認してくれる者はいなかった。撃墜した敵機が墜落した地点のそばに対空砲陣地を見つけて、彼は翼を振りながら降下し、彼の撃墜を確認してくれるよう求めた。彼らの返答は弾丸の一斉射撃だった。最新の情勢報告はすでに古くなっており、なんとそこはソ連軍に占領されていたのだ。

左翼に約50cmの穴を開けられ、シャックは操縦にてこずった。だが、膝を操縦桿に押し当てて水平飛行を維持し、撃たれた高度90mからゆっくりと上昇して基地に無事帰還した。続く3日間は作戦可能機数が1機にまで減ったため、中隊はどんな作戦出動もできなかった。そのすぐあとで彼らはブリャーンスクまでの短距離を移動し、そこで北からやって来た第54戦闘航空団第Ⅱ飛行隊と合流し、ウクライナへ送られた。

8月27日、この前とは違う2名のパイロットとともに、シャックは約30機の戦闘機に護衛された大規模な爆撃機編隊と交戦した。彼は1機の爆撃機を撃墜（90機目の戦果）したが、3機のFw190は敵護衛戦闘機に攻撃され、そこからの離脱には非常に苦労した。

同じ日のその後の作戦出動でも、シャックはまたまた九死に一生を得る、というきわどい体験をした。1機のソ連軍戦闘機を攻撃中に45機撃墜のエクスペルテ、ロータル・マイ上級曹長が誤ってシャック機に衝突したのである。彼は明らかに同じ敵機を攻撃するのに集中していて、シャックには気が付かなかった。マイのFw190は高度約3600mからソ連機と一緒にまっすぐに墜落していった。どちらの機体からもパラシュートで脱出する姿は見えなかった。幸運にもシャックは傷ついたFw190を何とかきりもみから脱して、よろけながらも帰還できた。

2日後、中隊はコノトップへ移動した。9月1日だけで飛行隊は合計40機の撃墜戦果をあげたが、シャックはその日の4回の出撃で毎回、胴体着陸を余儀なくされた。48時間後、彼は100機撃墜に到達した。その時飛行隊長フリッツ・ロージヒカイト大尉も在空していた。

「ハンニバルからギュンターへ、100機撃墜おめでとう」

Fw190とBf109の混成部隊
Re-Equipment with the Bf109G

その後まもなく第51戦闘航空団第Ⅲ飛行隊はブリャーンスク地区へ戻るように命じられた。9月12日に今度はロススラヴリへの移動を命じられた。3日後、通算撃墜戦果7000機に到達した第51戦闘航空団の移動先はスモレンスクであった。9月19日にはモギレフへ移った。10月10まで彼らはヴィーテブスクにいた。それからは次々と別の飛行場へ移っていった。そして常にゆっくりと後退させられていた。こうした状況下では損害が増えていくのも不思議ではなく、1機も撃墜しないうちに圧倒的に優勢なソ連軍の犠牲となる若い補充要員が増加し始めた。

だが結局はFw190の補充状況、あるいはいいかえると不補充が第51戦闘航空団の将来を決めた。フォッケウルフの生産ラインは要求を満足させるだけの量産能力がなかった。要求は本土防空部隊と西部戦線からだけでなく、いまや特別製の地上攻撃型にもおよんだ。1944年初め、第51戦闘航空団第Ⅰ飛行隊はBf109Gに再転換するためデブリン＝イレーナへ後退し始めた。3月に彼らが中央戦区のボブルイスクへ戻った時、入れ違いに第Ⅲ飛行隊が同じ目的のためデブリンへ後退した。こうして5月上旬までに、東部戦線に展開した第51戦闘航空団の3個飛行隊はすべてBf109Gに乗り換えた。彼らは大戦終結までの12カ月間を「グスタフ」[本来はドイツ空軍機のG型を示す愛称だが、ここではBf109Gのこと]で飛ぶことになる。

　しかし、その後もずっと第51戦闘航空団とFw190を繋ぐ細い糸は切れずに残った。1942年遅く、米英連合軍の北西アフリカ上陸によって第51戦闘航空団第Ⅱ飛行隊がFw190転換課程を途中で放棄した時は、第51戦闘航空団第4、第5中隊だけが地中海に派遣された。ディーテルム・フォン・アイヒェル＝シュトゥライバー中尉が指揮する第6中隊はイェーザウに残留し、Fw190へ転換したのちに第Ⅲ飛行隊とともに東部戦線へ復帰した。ロシアへ戻ってすぐに第51戦闘航空団第6中隊(6/JG51)は航空団本部中隊(Stabstaffel)と改称され、その後は半自立した作戦行動を採り、通常は4機編成の航空団本部シュヴァルムを補強するか、航空団司令が直接指揮した。航空団本部中隊が存在した2年半におよぶ期間の平均的な保有機数は約12機で、時には少数のBf109も使ったがFw190は終始使った。フォン・アイヒェル＝シュトゥライバー大尉は1944年4月末まで同中隊の指揮を執ったが、その後はフリッツ・ロージヒカイト第Ⅲ飛行隊長が引き継いだ(のちに彼は航空団司令に昇格する)。本部中隊を率いていたあいだ、フォン・アイヒェル＝シュトゥライバーは以前別の部隊に属していた時にあげた5機の撃墜戦果に、70機あまりを追加した。大戦終結時にはJV44隊員でMe262を飛ばしており、最終撃墜戦果は96機で、2機以外のすべては東部戦線で撃墜した。

撤退につぐ撤退
One Retreat Followed Another

　フォン・アイヒェル＝シュトゥライバーの後任者はその任に長期間当たれなかっただけでなく、幸運もなかった。航空団本部中隊長エトヴィーン・ティール大尉は1944年7月14日にポーランドのコブリンでソ連軍の対空砲火に撃墜され戦死、その時までに76機の撃墜戦果をあげていた。翌月、航空団本部中隊は4名のパイロットを失った。50機撃墜のエクスペルテであるフリッツ・リュデック上級曹長は8月10日に、今度は東プロイセン国境に近いリトアニアのヴィルコヴィシュケン(ヴィルカヴィスキス)で、やはり対空砲火の犠牲となった。そして第三代航空団本部中隊長を務めたハインツ・ブッセ中尉は22機の撃墜戦果をあげていたが、15日後に同じ地区の空戦で撃墜された。

　上に述べた東プロイセンでの状況は、1944年に第51戦闘航空団がいかにして撤退を余儀なくされたかを端的に描写している。春にはベレジナ川のボブルイスクに駐留していたが、航空団本部中隊はテレスポルを経て、9月にはバルト海沿岸のメーメルへ撤退した。その後プロイセン中部のインスターブルクを経て、年末までには第三帝国本土の国境を超え、やはりバルト海に面したノイキューレンへ撤退した。5カ月後にはその場所で、航空団本部中隊を含む「メルダース」戦闘航空団が最後の抵抗を試みるのである。

chapter 9

それでも困難に立ち向かう「緑のハート」
…but the 'GREEN HEARTS' soldier on

　クルスク戦に続くソ連軍の強烈な一連の反攻はすべて、中央戦区と南方戦区を目標としたものであった。北方戦区は1943年を通じてレニングラードを巡る戦いに終始し、比較的安定した情勢を保っており(ヴェリーキエ・ルーキの北側の前線に沿ってソ連軍は12個軍を展開していたのに対し、南側には49個軍も展開していた)、南方で起こっていた激動から奇妙にも隔離されていた。
　だが、第54戦闘航空団のFw190を装備した2個飛行隊がクラスノグヴァルデーイスクとシヴェルスカヤに駐留していたあいだに享受した、快適とすらいえた生活はすぐに遠い記憶となっていった。第54戦闘航空団第I飛行隊はやがて訪れるものを事前に知っていた。ツィタデレ攻勢開始早々の7月上旬に第51戦闘航空団を支援するため南に移動していたあいだ、彼らはザイラー、ホムート、ゲッツの3名の部隊長をきわめて短期間のうちに失っていた。第I飛行隊はオットー・ヴィンセント中尉が飛行隊長代理を務めていたが、8月には第54戦闘航空団第II飛行隊とBf109を装備し新たに編成された第IV飛行隊(IV./JG54)の双方の分遣隊と中央戦区で合流した。赤軍が中央戦区の守備軍を圧迫し、ウクライナを奪回しようと攻勢に出た時は、彼らもまた希望のもてない数で劣る「火力支援」任務につき、第6、第4航空艦隊間を往来した。ひとりの人物の名声が響き渡たり、やがて彼が東部戦線のFw190エクスペルテでもっとも有名となるのは1943年終りに近い数カ月間の混乱の最中であった。

ノヴォトニーの台頭
Nowotny's Rememberable Fights

　8月にヴァルター・ノヴォトニー中尉は49機の撃墜戦果を追加した(南方戦区で戦っていた第52戦闘航空団の新星エーリヒ・ハルトマンとこの月間撃墜数は偶然一致したものの、ハルトマンは9月20日に100機目に到達したが、ノヴォトニーはすでに6月15日に到達していた)。ノヴォトニーは8月21日に第54戦闘航空団第1中隊長から第I飛行隊長に抜擢された。故郷にあてた手紙に書かれた彼の反応は典型的といえる。
　「昨日私は161機目の撃墜戦果をあげました。いいかえると10日間に37機を撃墜しました。新たに私が飛行隊長になったこともお知らせします。つまりふたつの幸運な出来事が重なったわけなんです。22歳半の中尉が飛行隊長になるということがいつもあるわけではありません。それは通常は少佐の職ですから、遅かれ早かれ私が大尉か、ひょっとすると少佐にさえなれるということです。夢にも思わなかったことです。まだ柏葉の知らせはありませんけど」
　ノヴォトニーは明らかに「喉の痛み」の兆候を示したが、これはドイツ空軍内の俗語で首の周りにぶら下げる新しい勲章を欲しがる、という意味であった。彼が訝しく思うことは理解できる。彼への柏葉騎士鉄十字章の授与は長い

間延び延びとなっていた。大戦最初の年は戦闘機パイロットの場合、およそ40機撃墜が柏葉騎士鉄十字章の必須条件であった。1941年から42年までにこの数字は100機近くにまで跳ね上がった。1943年のこの当時は、不躾にも「カリフラワー」と呼ばれている勲章の柏葉を得るのに約120機を必要とした。そしてノヴォトニーはすでに120機撃墜を6月24日に達成しており、その日撃墜したソ連軍機10機のうちの1機がそれに相当した。

申請書が提出されるようすは見られなかったが、ノヴォトニーは支えとなるものの力に頼った。彼は周囲に3名の別れがたい仲間をもっていた。彼の編隊僚機を務めるカール・「クヴァックス」・シュネラー、この尋常でないあだ名は事故を起こしやすいパイロットの災難を扱ったその当時の人気映画から採ったが、さらにアントン・「トニ」・デベーレ、それとルードルフ・ラーデマハーであった。ノヴォトニー・シュヴァルムとして有名になるこのチームは総計524機を撃墜している。

9月1日にノヴォトニーはまたも10機撃墜を果たした。朝の出撃で17分間に7機を撃墜し、昼食後の出撃で9分間に3機撃墜した。彼はその日の出来事を次の様に述べている。

「我々が爆撃機を高高度で護衛していた0600時（午前6時）に6機のソ連軍戦闘機が接近してきた。私は何とかそのうちの4機を撃墜した。それからもう5機が我々の下方で旋回しているのを見た。そのうちの2機を撃墜し、3機目を撃墜した時に機関砲が故障した。『こん畜生（トイフェル）』と思った。『これは敵戦線の180km背後で起こったことである』（ノヴォトニーは友軍占領地域まで安全に滑空できる距離を維持しようなどとは、はなから思っていない）。だが、私は7機目を撃墜することに決め、機関銃で撃墜できるように十分に接近し、追撃し始めた。ついにそいつを撃墜した時、我々は大きな町の上空におり、20㎜対空機関砲の一斉射撃の真っ直中に迷いこんでいた。町並み近くまで降下する以外に方法はなかった。町外れの開けた湿地の多い土地を上昇し逃れるまでは、高度5mで道を伝い、対空陣地や家々を飛び越えた。

「午後に我々はちょうど5機のソ連軍戦闘機と交戦した。状況が彼らにとってきわめて不利になると、積雲に逃げ込み、かくれんぼを始めた。だが私は彼らの少なくとも1機が雲から機首を突き出すまで付近で待っていた。こうした状況はその日3回発生し、合計10機を撃墜した」

兄のルードルフからの手紙が届いたのは、ノヴォトニーが190機目を撃墜する直前の時期であった。そのなかでメルダース、ガランド、マルセイユのような人たちは誰も彼が為し得たような機数を撃墜していないにもかかわらず、みなダイアモンド・剣付柏葉騎士鉄十字章を貰っていると指摘していた。ヴァルターは当局の心証を悪くするようなことを何か言ったか、それともしたのか？ノヴォトニーの返事は前線からの葉書になぐり書きされていたが、簡潔かつ箇条書きされていた。

先日の手紙の返事です。
1. 兄さんには関係ないことです。
2. なぜ私の問題を心配するのですか？
3. もしも連中に柏葉をくれる気がないのなら、私は自分でダイアモンドを手に入れてみせます。

あなたのヴァルター

そして彼はその通りにした！

撃墜戦果250機
The First 250-score

　1943年9月4日、ヴァルター・ノヴォトニー中尉はドイツ三軍で293番目に柏葉騎士鉄十字章を授与された。授与が遅れたことに関して何か悪意が働いたわけではない。授与要件の撃墜数がその年の初めの120機よりさらに70機の上積みを要求されていたというだけのことであり、ノヴォトニーが新基準に合致した最初の授与者であった。だが空軍当局の誰かはこの明らかな不公平に注目していたに違いない。3週間も経たないうちにヒットラーの司令部での柏葉騎士鉄十字章の授与式に彼が出頭した時、その上の剣付柏葉騎士鉄十字章の授与もすでに決まっていた。9月22日、その場に相応しく堂々として見えるノヴォトニーは、ほかの昼間戦闘機、夜間戦闘機エースたちとともに、総統自らの手で勲章を授けられた。自分の飛行隊に戻ってからの雰囲気はもっとくだけたものだった。乾杯の掛け声は「隊長は一度に2個貰った。『カリフラワー』に『ナイフとフォーク』だ」。

　こうしたことのあった17日間に、ノヴォトニーの撃墜数はさらに29機増えた。その時点で彼はドイツ空軍一の撃墜王となった。ひとりの戦争特派員がその出来事を次のように報じた。

　「ここ2日間は何も起こらなかった。203機の敵機を撃墜し、その飛行隊長は成功した戦闘機パイロットのなかで上位を占めていた。しかし彼は他に抜きんでるためもう何機か追加することができるだろうか。その日は涼しく快晴で完璧に視界が良かった。だが、空に共産主義者はいなかった。ようやく9月14日の昼ころになって、対空砲火が聞こえてきた。敵爆撃機の大きな編隊が戦闘機にしっかりと護衛され、基地に接近してきたのだ。

　「我が軍の戦闘機が緊急発進したが、飛行隊長はそれに加わっていなかった。彼はシュトゥーカの護衛任務のため出撃していたのだ。彼が帰還するとすぐに自分のシュヴァルムを率いて索敵攻撃任務に出撃した。すぐに、ひとつの言葉を聞こうと作戦室にいた者たちは待っていた。

　「『見張れ！』飛行隊長の声がスピーカーから響いた。それは彼が1機撃墜した時はいつも使う言葉で、彼の編隊僚機に監視し、撃墜の確認を要求したものであった。ノヴォトニー中尉は204機目を撃墜し、すぐに205機目、206機目、207機目……が続いた。

　「ノヴォトニー中尉はまさしくドイツ空軍でもっとも成功したパイロットになった。だが彼が着陸した時、祝福を受けるだけの時間はなかった。共産主義者は新たな突破口を作るために地上軍を弱体化しようと、大規模な空爆をかけて来た。飛行隊長は乗機を替えてふたたび離陸した」

　いまや大尉に進級したノヴォトニーは総統司令部から戻って数日のうちに、通算撃墜数を235機とした。戦争特派員のヒプナー中尉が再度報告する。

　「昨日の夕方、飛行隊長は突然帰任した。誰も彼の帰還を予想していなかった。勲章授与式のあとで彼は部隊を長期間留守にしてもよいとされた。だが

ベルリンで剣付柏葉騎士鉄十字章を授けられ帰任したヴァルター・ノヴォトニー大尉と、授与式の模様について話し合っている第54戦闘航空団司令官のフォン・ボニン少佐（左）。

彼は、ウィーンで2日間楽しい時間を過ごせてそれで充分満足したと言った。

「何日間も天候が悪く、曇の多い日が続いたあとで、今朝は快晴の秋空となり空気は澄み切って新鮮だ。最上の制服はしまわれ、有名な「勝利のズボン」を含む古い東部戦線の飛行服が引っ張り出された。それらには何箇所か修繕の跡が認められ、履き続けてきたため灰色に変色していた。それらは博物館に展示されるのがふさわしいとしても、飛行隊長に手放す気はない」

このFw190A-6、製造番号410004はノヴォトニー大尉が250機目を撃墜した時に使った機体である。それは1943年10月14日のことで、相手は腕の立つパイロットが操縦していたアメリカからの援助機、P-40だった。ふたりの格闘戦はなんと10分間も続いた。機体は第54戦闘航空団第Ⅰ飛行隊に属し、1943年11月にヴィーテブスクの駐機場からタキシングしているところを撮影された。

ヴェリーキエ・ルーキ南の空域は敵の活動が活発であった。その日の午後にノヴォトニーは自分より約1000m低空を逆方向に向かう14機のエアラコブラと交戦し、3機を撃墜した。最初の機体は鋭いきりもみに入り、コルク栓抜きのような煙を吐いて墜落し、煙は墜落地点を示すように数分のあいだ空中に残っていた。2機目が空中爆発し、すぐに3機目が続いた。「クヴァックス」・シュネーラーが4機目を撃墜した。

翌日は前日の繰り返しだった。6機のエアラコブラはFw190を見つけるとすぐに反転して東方に逃げていったから、あるいは前日の生き残りかもしれない。そのため2機しか撃墜できなかった。翌日は戦果無しだった。空戦の最中にノヴォトニー機の機関銃が故障した。そこで基地に戻ったら彼のたった1機の予備機は出撃不能になっていた。

24時間後に彼はさらなる成功を重ね、9分間に4機を撃墜した。カーチスP-40を1機、エアラコブラを1機、LaGG-3を1機、そしてP-40がもう1機であった。最後の機体は235機目の撃墜戦果に当たる。

その後さらに15機の戦果を追加するのに約1カ月を要した。10月9日にノヴォトニーは第54戦闘航空団にとって6000機目にあたる撃墜戦果をあげた。それから4日後、ヒプナー中尉の報告をふたたび引用する。

「我が軍のJu87が攻撃に移った時、敵機に襲われた。急降下するJu87に追いすがるP-40をノヴォトニーは撃ち落とした。ソ連機は地面に激突し、ユンカー

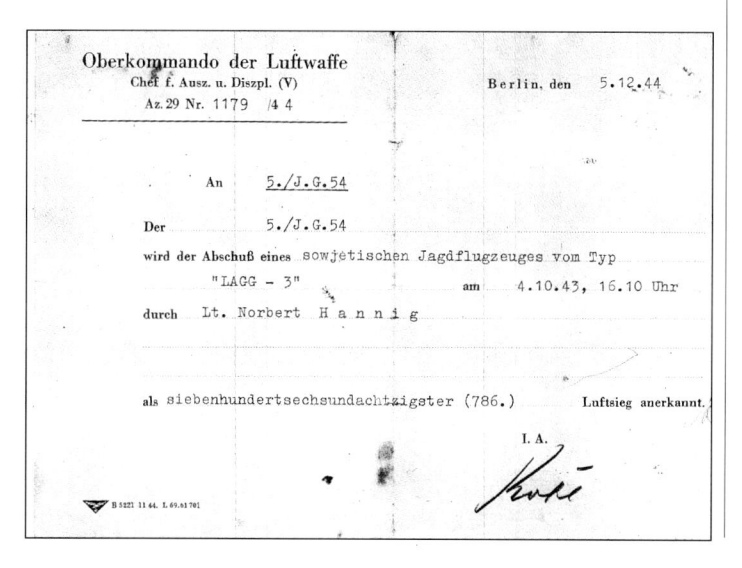

1943年10月4日にノルベルト・ハニヒ少尉によって撃墜されたLaGG-3は、第54戦闘航空団第5中隊にとっては786番目の撃墜に当たる。しかし、撃墜が公式に認定されるまでに何と時間のかかることか。この空軍総司令部作成の撃墜認定文書が発行されたのは、1944年12月5日のことであった。

スの投弾による爆発のなかに吸い込まれた。別の共産主義者を攻撃するため上昇中に、ノヴォトニーは僚機からの警告の叫び声を聞くまで、背後にP-40が忍び寄ったことに気付かなかった。攻撃側の方が有利だったが、ノヴォトニーは内側に回り込み、やはり撃墜した。

「シュトゥーカと分かれた時、大尉は残り、何機かの敵機が前線上のはるか低空を飛行しているのを見つけて報われた。一度の降下攻撃で彼は246機目を撃墜した。

「翌日は何機かの共産主義者の戦闘機が我が偵察機中の1機の任務遂行を阻止せんと試みた。ノヴォトニーがその内3機を始末したところ、突然ほかの機体は姿を消した。偵察機の邪魔者はいなくなった。

「前線地区を上昇中、とうとう彼は単機で飛行する敵戦闘機、P-40を見つけた。そいつは価値のある対戦相手だった。最後にカーチス戦闘機が地面に向かって落ちてゆくまで、格闘戦はおよそ10分間も続いた。250機目だ！」

「基地に帰還すると荒々しい祝賀が待っていた。基地司令官は基地防衛の対空砲に勝利の礼砲を轟かせ、帰還した飛行士、250機撃墜を達成した世界最初の戦闘機パイロットを歓迎するまさに花火として照明弾が打ち上げられた」

▌「ダイアモンド」
Postscript

　これには後日談もあった。第6航空艦隊総司令官のフォン・グライム将軍からの最初の公式な祝いの言葉を伝えた電話に出たあとで、ノヴォトニーは傍らのシュネーラーに言った。『『クヴァックス』、俺はもし250機撃墜を達成したら本当に祝うぞ、と自分に約束したんだ。輸送機でヴィリニュスに飛んで大酒を食らうつもりだ。俺と一緒に来ないか？』

　シュネーラーは残念ながら断った。誰かが残って飛行隊の世話をする必要があったのだ。そこでノヴォトニーは飛行隊の軍医を連れてBf108でリトアニアのヴィリニュスに飛び、シュネーラーを基地での祝賀会の準備のために置いていった。祝賀会はノヴォトニーの特別の招待と費用で、食堂が保管していたワインや酒をすべて飲み干すことが含まれていた。誰もが大いに浮かれた気分になるのにさほど時間はかからなかった。

　そしてその時「パパ」・グライムからふたたび電話が掛かってきた。ノヴォトニーがまた電話口に出るように望まれた。「クヴァックス」・シュネーラーは言う。「だれもが私の方を見た。私は動揺しながらも立ち上がろうとし、同時に暑くなったり寒気を感じたりした。私はノヴォトニーの居場所を知っているが、そのことをどうやって将軍に説明すればいいのだろう。

「私は電話に向かって前屈みになり、喉をすっきりさせようとした。出てきたのはしわがれ声だけだった。『将軍閣下！』喋るのに苦労していると、将軍が遮った。

『このブタ野郎め、おまえは酒を飲んでいるな』

「それを否定できる段階ではなかった。『そうであります！』

「『パパ』・グライムは古い第一次大戦の飛行機乗りで、その場の状況を完全に理解していた。『後生だから、クヴァックス』と彼は怒鳴った。『しゃんとして、ノヴォトニーがどこに隠れておるか、わしに教えろ。総統は彼を祝福し、ダイアモンドを授ける意向だ』

「私はすぐに素面に戻った。『将軍閣下、ノヴォトニーはヴィリニュスのバーに

この公式写真は、ノヴォトニーがベルリンで総統からダイアモンド・剣付柏葉騎士鉄十字章を授けられた直後に撮影された。首元に輝くその勲章の剣と柏葉に、多数の小さなダイアモンドがちりばめられている。

一日に18機撃墜の偉業を達成した「ブリィ」・ラングは、ベルリンで隔週発行される写真雑誌『ベルリナー・イルストリールテ・ツァイトゥンク』1944年1月13日号の表紙を飾った。表紙下方に印刷された見出しは「一日に18機撃墜。勝利者の帰還」。ラングは撃墜に関するこの世界記録を1943年10月にキエフ近くで達成した。

います。彼はパーティを開いております』『そうか。よろしい、通信手にはなんとしてでも彼と連絡をつけてもらおう。お前も0800時（午前8時）に待機しておれ。お前はやつを総統のところへ連れていくのだ』

「私は電話を置き、大急ぎで食堂に戻った。私は『飛行隊長代理』を務めていたが、みなが歓声を上げているなかで静粛を呼び掛けるのに苦労した。『パパ』・グライムとの電話の内容を繰り返していると、騒音と歓喜の声らしきものはさらに大きくなっていった。だが数人の賢い古株連中は成り行きについて心配し始めた。通信担当者は決してヒットラーの電話をバーに繋ごうとはしないだろう、と彼らは予想した。さあ、それからどうなるのか。

「だが結局彼らはそうした。あとで『ノヴィ』はその時どうやって電話に呼ばれたかを教えてくれた。彼は副官の声を聞いた『総統にお繋ぎします』『ノヴィ』は床に倒れんばかりであった。その時彼は若い女性の一団に囲まれて騒動の合間に、リトアニアのバーの腰掛けに支えられ、東プロイセンの司令部からドイツ三軍総司令官自身の声で、たった今第三帝国最高の勲章が彼に授与されるというのを聞いていたのだ。『もしアードルフが私が本当はどこにいたかを知ったならば、彼はダイアモンドについて考え直したに違いないと思っている』のちにそう『ノヴィ』は告白した」

「翌朝フォン・グライム将軍のHe111が私を乗せていくため、ヴィーテプスクに到着した。我々はヴィリニュスに飛び、『ノヴィ』を拾ってから、東プロイセンへ飛ぶ前に素早く入浴し、一番いい制服に着替えた。巨大なメルセデスが我々を待ち受けており、検問所を3カ所通過してから総統司令部に我々を運んでいった。コーヒーとサンドウィッチが出されたが、我々の頭のなかは昨夜から未だぐるぐるまわっていた。私の顔はチーズのように真っ白で、ヒットラーの前で直立不動の姿勢でいるよりも死んでしまいたかった。それで、『ノヴィ』ひとりが内部の聖域へ入って行き、そのあいだ私は外で待っている、というふうに合意できた。

「約1時間後、彼は顔にはっきりと笑いを浮かべながら出てきた。ダイアモンドが首元で輝いていた。我々がそこを退出する時、ヒットラーはジャーマンシェパード、『ブロンディ』のひもを持って、考えにふけりながら壕の外に立っていた。通り過ぎる時、ノヴォトニーは総統に私を正式に紹介する衝動に抗うことができなかった」

航空団司令官のフベルトゥス・フォン・ボニン（左）は1943年12月15日に第54戦闘航空団の基地に近いヴィーテプスクで撃墜され戦死した。彼はコンドル軍団に属しスペイン内戦で撃墜した4機を含め、総計77機の撃墜戦果をあげた。

144機撃墜のエースであるアルビン・ヴォルフ上級曹長は、1944年3月23日に第54戦闘航空団にとって7000機目に当たる撃墜戦果をあげた。整備兵の雑多な集団が疲れぎみな表情で祝意を表している。

「ノヴォトニー・シュヴァルム」の解散
The End of "Nowotny Schwarm"

一方で毎日生死を賭した前線での戦いは減ることなしに続いていた。損耗が増え続けるなかで、ノヴォトニーや、他のひとりふたりの輝かしい個人の成功は評価しなければならない。なかでもエーミール・『ブリィ』・ラング少尉は第Ⅱ飛行隊でかつてFw190のリベットをはじき飛ばす実験に失敗したが、10月下旬にキエフ地区上空で一日に18機撃墜という世界記録を樹立した。レニングラードからウクライナまでの3つの航空艦隊を移動するあいだ、第54戦闘航空団は1943年終りの数カ月間に約30名のパイロットを失った。それらの損失の多くは経験不足の若いパイロットだったが、経験を積んだ古株クラスもまた当然のごとく減っていった。

10月11日にはアントン・デーベレ少尉の喪失により、有名な「ノヴォトニー・シュヴァルム」がついに解散した。彼はスモレンスク=ヴィーテブスク補給路上空で他のドイツ軍戦闘機と空中衝突して死亡した。「トニ」・デーベレの最終撃墜戦果は100機に4機足らなかった。彼の死はひとつの時代の終りを告げるものであった。その翌日には「クヴァックス」・シュネーラーが重傷を負った。彼とノヴォトニーは、ネヴェル近くでシュトゥルモヴィクの攻撃に遭っている歩兵からの支援要請に応え、大雨のなかを緊急発進した。恐ろしいほど視界が利かないなかで、ノヴォトニーが突然叫ぶ前に、彼らはソ連軍機を1機ずつ撃墜した。

「クヴァックス、左に離脱しろ。君の機が燃えている」

火はすぐに燃え広がった。

「脱出しろ、この林の上には着陸できないんだから」

炎が操縦席の周りをなめているなかから、僚機のパイロットが抜け出ようとするのをノヴォトニーは見守った。雲のすぐ下の、地上からわずか50m〜70mの高度でようやくシュネーラーは成功した。彼が下の黒泥土に消えていった時に補助パラシュートがようやく主パラシュートを引き出し始めたところであった。脳震盪と両足を骨折したが、シュネーラーは歩兵によって林から助けだされ、ノヴォトニーが操縦するフィーゼラー・シュトルヒで運ばれた。彼は長期間入院していたが回復し、大戦終結前にMe262部隊に復帰した。第54戦闘航空団に属していたあいだは、カール・シュネーラー

定常整備後に機関銃の射線調整を受けている航空団司令機。1944年7月18日に、前線から離れたエストニアのドルパトにて撮影。アントン・マーダー少佐のFw190A-6は規定に沿った白いシェヴロンと横棒を記入している。この機体の迷彩塗装は北方戦区の第1航空艦隊所属の偵察機によく見られるもので、上面は緑と茶の地図状塗り分けである〔これはカラー図22と同じ機体である。A-4で、撮影時期は1943年春が正しい。また航空団本部所属ではあるが、司令専用機ではないと思われる〕。

バルト海北部のドイツ海軍艦艇を護衛するため1944年6月にフィンランドの前線へ急行した、第54戦闘航空団第Ⅱ飛行隊第4中隊の「白の4」。インモラで出撃の合間に撮影。カウリングが開いているので、故障が発生したため一時的に任務から外されているのかもしれない。後方でやはりカウリングを開いているのはフィンランド空軍のブルースター・バッファロー〔飛行第24戦隊〕である。

少尉は主にノヴォトニーの背後から援護に当たったが、35機の撃墜戦果をあげた。

　ノヴォトニーが東部戦線における最後の戦果となる255機目を撃墜したは1943年11月15日のことだった。その後の彼は、自身の名前を冠したMe262実験部隊の指揮を執る前は、第101戦闘航空団（JG101）［名称は戦闘航空団だが、実質的には戦闘訓練航空団］の司令を務めた。1944年11月8日のアハマーにおける空戦と、その結果引き起こされ彼が死亡に到る墜落を巡る事件の全容は決して完璧には解明できないであろう［本シリーズ第3巻「第二次大戦のドイツジェット機エース」28ページを参照］。

「白の4」の故障が直り、作戦復帰を前に、修理後の確認のためBMWエンジンの始動を待っているところ。フィンランド空軍のずんぐりしたフィアットG.50が［飛行第26戦隊］やはりインモラの駐機場に引き出され、動力装置の点検を受けている。第54戦闘航空団第Ⅱ飛行隊はこのカレリア北部の基地から作戦し、ちょうど1カ月間に66機撃墜の戦果をあげていた。

「緑のハート」航空団が戦闘中に喪失した航空団司令はわずか1名だけであった。それはフベルトゥス・フォン・ボニン中佐で、12月15日にヴィーテブスク近くで撃墜された。フォン・ボニンは（1943年）7月にトラウトロフト大佐から指揮を引き継いだが、それまでにスペインで「コンドル軍団」に属していた間の4機を含み、77機撃墜の戦果をあげていた。後任の第54戦闘航空団司令には、それまで西部戦線の第11戦闘航空団（JG11）司令を務めていたマーダー少佐が転じた。

■ 激しさを増す攻勢
Soviet Offensive

　1944年1月中旬、それまで長い間戦闘が不活発だった北方戦区に突然ソ連の大軍が侵攻し、激しい戦いが演じられた。1月21日にムガが占領されて、ほぼ900日におよぶレニングラードの包囲が解けた。第54戦闘航空団第Ⅰ、第Ⅱ飛行隊は急遽それぞれ中央戦区、南方戦区から呼び戻された。彼らは古馴染みの戦区に戻ったが、このソ連軍の北方戦区での新たな攻勢は、遙か南のウクライナで現在展開されている大攻勢と同様に、押し止めるのが不可能なことはすぐに分かった。事実、第54戦闘航空団は1941年の穏やかな夏にバルト諸国を横断した際にたどったのと同じ道を同じぐらいの速さで退却していった。

　ノヴォトニーが離任して以来ホルスト・アデマイト大尉が指揮を執っていた第Ⅰ飛行隊は、2月までにエストニアのヴェーゼンベルグに落ち着いた。翌月には第54戦闘航空団第Ⅱ飛行隊が加わりドルパトとパイプス湖とプレスカウ湖の西のペチュール（ペツェリ）に展開した。幸運にもFw190装備の両飛行隊にと

って損失は最小に押さえられた。だが、撃墜数は上昇を続け、3月23日にアルビン・ヴォルフ少尉が135機撃墜を達成、これは同航空団にとって7000機目の撃墜戦果に当たる。アデマイトが飛行隊長に昇格したため空席となった第6中隊長に任じられたヴォルフは、10日後にプレスカウ上空で対空砲火の直撃弾により戦死した。この10日間に彼はさらに9機を撃墜したため、最終撃墜数は144機に達した。かつてFw190のことを「濡れた袋のように重々しく着陸する」と評したパイロットとは思えない、素晴らしい功績であった。

1944年6月にソ連軍は北方のバルト諸国沿岸地域をドイツ軍の主力部隊から分断するため、中央戦区において強力な夏季攻勢に出て、ドイツ軍をドイツ国境に向けて押し戻していった。同時に、レニングラード北方のカレリア地峡を未だ占領していたフィンランド軍に対しても攻撃を開始した。先に述べた脅威に直面した第54戦闘航空団第Ⅰ飛行隊はエストニアからラトヴィアに撤退し、最初に第1中隊を短期間だけフィンランドのトゥルクに派遣し、北バルト海のドイツ海軍部隊の護衛に当たらせた。後者の脅威に対する反応は、強力な攻勢に曝されているフィンランド軍を増援するため組織された、シュトゥーカとFw190地上攻撃型の混成部隊であるクールマイ部隊の傘下の戦闘機部隊として、エーリヒ・ルードルファー少佐指揮下の第54戦闘航空団第Ⅱ飛行隊をフィンランドに送った。この派遣期間中はカレリア地峡北部のインモラに駐留していた第54戦闘航空団第Ⅱ飛行隊は66機のソ連軍機を破壊した。

同じ6月に東部戦線へ突然の到着をしたのは、増強され活力を取り戻した第54戦闘航空団第Ⅳ飛行隊であった。このBf109装備の飛行隊は、先にルーマニアを経由し後退したあとでドイツ本国に戻ってFw190A-8に再転換し、現行の本土防空部隊の正式編成である各16機からなる4個中隊で構成されていた。本土防衛の必要性よりも東部戦線を重視する最初の一歩の表れとして、第54戦闘航空団第Ⅳ飛行隊は退却する地上軍を空から援護するため、6月30日にソ連とポーランドの国境地区に急遽派遣された。ロケット動力のMe163コメート部隊、第400戦闘航空団（JG400）の航空団司令としてのちに有名となる、ヴォルフガング・シュペーテ少佐が指揮する第54戦闘航空団第Ⅳ飛行隊は、9月上旬にドイツ本土へ後退するまでの2カ月間に甚大な損害を被った［本シリーズ第3巻「第二次大戦のドイツジェット機エース」五章を参照］。

だがその時までにFw190で長期間戦い続けていた第54戦闘航空団第Ⅰ、第Ⅱ飛行隊は、戦乱から十分に隔離されたラトヴィアで休養を取っており、ク

1944年夏にドイツ東部地方のリークニッツで、週7日間ぶっ続けの激しい飛行訓練の合間に、第54戦闘航空団第Ⅱ飛行隊の若くてまだ成長しきっていない教官たちが休息を取っている。彼らの背後にあるのは、フランスのはるかに恒久的な基地から最近移動した場所に立てられた講習所のテントのひとつ。こうした転換訓練中隊のパイロットの多くは、アメリカ軍爆撃機隊が彼らの駐留した地区へ侵入した際に、危険な地域防空任務に復帰した。

1944年6月にリークニッツで東部転換訓練飛行隊の教官を務めていたノルベルト・ハニヒ少尉。東部戦線から後退し、短期間の息抜きを楽しんでいる。

ーアランド半島のシュルンデン（シラヴァ）とリバウ・クロビンの基地にそれぞれ展開していた。最終的な人員と組織の変更が実施されたのはまたもやこの時期であった。8月8日にホルスト・アデマイト少佐の戦闘行動中の行方不明が伝えられた。ラトヴィア南端のディナブルグ上空で、彼のFw190は滅多に起こらないことであるが歩兵の銃火により撃墜され、敵戦線の背後に墜落していくのが最後に目撃された。イギリス本土航空戦以来第54戦闘航空団の隊員だったアデマイトの最終撃墜戦果は166機に達した。後任の飛行隊長にはフランツ・アイゼナハ少佐が任じられたが、彼は1943年5月に重傷を負うまでは第54戦闘航空団第3中隊長を務めていた。

　そして9月の終わりにマーダー中佐は第54戦闘航空団の指揮をディートリヒ・フラバク大佐に委ねた。すでに第52戦闘航空団司令として深い経験をもっていたフラバクの軍歴は遠く1938年2月まで遡る。彼もまたイギリス本土航空戦当時は第54戦闘航空団に属しており、その航空戦の後半には第54戦闘航空団第Ⅱ飛行隊長を務めた。同航空団はこれから遭遇するであろう困難な時期に、これ以上相応しい人物はいないという指揮官を戴いたのである。

■ クーアランド
Courland

　第51戦闘航空団では航空団本部中隊以外はすべての飛行隊が5月にBf109へ転換したため、すでにクーアランドに封じ込められてはいたものの、第54戦闘航空団の2個飛行隊が東部戦線における事実上唯一のFw190戦闘機隊勢力を担った。彼らはいまや本土防空部隊と同じ部隊編成に改編され、各飛行隊に4番目の中隊が追加された。理論的にはこの改編により両飛行隊を合計した公式の部隊勢力が130機を優に超えることになる。実際は、10月中旬の時点で合計56機の作戦可能機を保有していたにすぎなかった。そして新たな不安のもとが姿をあらわし始めた。航空燃料の欠乏が進みつつあったのだ。クーアランドへはすべての物資を空路か海路を通って運ばねばならなかったため、燃料事情はすぐに危機的状況を迎えた。終局を迎える前に不要なタキシングを防ぐため、機体を駐機場から移動させるのに1組の牡牛さえもが使われた。

　それでも彼らはひとつの事柄に関しては不足とは無縁であった。パイロットである。大戦初期のパイロット養成システムでは公式の訓練課程を終えたあとは、配属予定の特定の実戦部隊に従属した転換飛行隊において、さらに実戦に則した訓練を行うことになっていたが、この方式は1942年に放棄された。各戦闘航空団が新たに配属されたパイロットを、実戦に使えるように独自の戦闘訓練部隊で訓練するというシステムの代わりに、その業務は全戦闘機部隊のために実戦参加可能なパイロットを養成する、専門の転換訓練戦闘航空団（略称EJG）へ公式に移管された。

　この新たなEJGはふたつの飛行隊「東」と「西」に分けられ、それらはさらに多くの中隊から構成されて、各中隊はそれぞれ特定の戦闘航空団の要望に応じたパイロットの供給に責任を負っていた。こうした戦闘航空団において前線勤務をしていたパイロットが彼らの特定の転換訓練中隊へ交替で赴き、訓練生が実戦部隊に配属されたら直面するであろう状況に対処できるように、手助けする教官となった。

　第54戦闘航空団の転換訓練中隊は当初フランス南西部のベルジュラック、

ビアリッツ、それにトゥールーズに駐留していたが、その後はより安全なドイツ東部地方に後退し、リーグニッツ、ロガウ＝ローゼナウ、ザガンに駐留した。すべての訓練施設と同様に多くの事件が起こった。そのなかのいくつかは、ある訓練生が最初の飛行で宙返りを試みて、2000mの高度からまっすぐにきりもみに入ったような惨事であった。ほかはこれほどひどくはなかった。ひとりの前途有望な新人は降着装置を下ろすボタンを押し忘れたため、腹の下に落下燃料タンクを付けたまま、完璧な三点着陸をしようと降下してきた。最初の火花が散った時、見物人は目と耳を塞いだ……だが何も起こらなかった！

　転換訓練中隊の経験豊富なパイロットはその地区の空戦に出撃を要請されるため、作戦任務から帰還したある教官が右主脚の出ていることを示す指示棒（これは脚が下りると翼上面に突き出る小さな金属棒）が見えないことを発見した際に、もうひとつの教科書の教えに近い胴体着陸が決行された。操縦席内の表示器のランプは両方とも出ていることを示す緑が点灯していたが、脚が出ていないなら赤のはずだ。そこで後悔するよりも安全を選択した彼は決断し、脚を引っ込めた完璧な着陸のために滑走路に接近してきた……脚は両方ともしっかりと下りた状態で。その機体の右主脚指示棒が何日も前から折れていたことを、彼以外の隊員は誰もが知っていた。

　基本訓練課程は大戦の推移とともに次第に短縮されていったが（燃料備蓄量の減少と同類で、即急な補充兵の要望が次第に大きくなったための結果であり）、転換訓練システムそのものは続けられた。実戦部隊から派遣されたパイロットたちは彼らの元にやって来る。以前よりもさらに若く、不十分な訓練しか受けてない人材にできる限りのことを教えて送り出す。だが結果は予測できた。圧倒的な数の敵に直面して、若いパイロットは戦意は高くても、多くが最初の出撃から帰還できなかった。

　公式には補充が増加していた。これは飛ばすべき機体の数よりもパイロットの方がさらに多くなるということを意味した。これはFw190を装備した飛行隊が東部戦線に展開していたあいだに苦しめられた問題であり、上級部隊指揮官以外になぜ少数のパイロットだけが定常的に専用機を割り当てられていたかという理由である。専用機をもたないパイロットたちは出撃前に単に機体を割り当てられ、整備兵がパイロットの体に合わせて方向舵ペダル位置と座席の高さを調整し、それから飛行した。

　1944年10月16日にソ連軍はクーアラントのドイツ地上軍を撃破する最初の試みを企てた。包囲された半島に対して、1945年3月までに彼等は6波に及ぶ攻勢を仕掛けた。だが守備軍は頑強に抵抗した。ヒットラーは彼らの降伏をはっきりと禁じた。総統は、迂回しつつある赤軍本隊の右側面に対する、南に向かう反攻の拠点としてクーアラントを使うという雄大な構想を抱いていた。だが、大戦最後の年に思い付いた彼の多くの考えと同様に、この計画も兵員、装備ともに欠乏したため結局何の役にも立たなかった。

　他の場所の戦況に何ら影響をおよぼすことなく、クーアラントの地上軍は単にその土地に執着し、陣地の1センチといえどもゆずらず頑強に戦った。そして、大戦終結までの6カ月間における第54戦闘航空団第Ⅰ、第Ⅱ飛行隊のFw190、50機余りの任務はエクスペルテ、あるいは初心者の操縦にかかわりなく、彼ら自身と彼らの生命線である海と空からの補給路を、バルト海とベラルーシ北部方面において3600機以上にも急激に増強されたソ連軍機から守ることであった。

chapter 10
少なすぎて、遅すぎて
too little, too late

　第54戦闘航空団の孤立したバルト海戦域への強制的な後退は、1944年後半の東部戦線主方面に在るFw190部隊は地上攻撃機隊のみ、ということを意味した。かなり増強はされた(1944年半ばの7個地上攻撃飛行隊から年末までには12個プラスいくつかの独立中隊へ増加した)が、まだあわれなほどの小兵力で総計約300機が作戦可能にすぎず、軍事史上かつて見ない大規模な戦車の集中使用で、伝統的なロシアへの侵入路、またはそこからの進出路として使われるヴィーテブスク=ドニエプルの隙間からソ連軍が総攻撃をかけてきた際の進路に展開していた。

　地上攻撃機隊の主要目標は進撃してきたソ連地上軍だが、何名かの地上攻撃機パイロットはまだ撃墜戦果をあげていた。クリミア戦役の大戦果で意気軒昂たる日々は遠く過ぎたが、たとえば第2地上攻撃航空団第II飛行隊はルーマニアとハンガリーを横断する長い退却路の途中で、同部隊のJu87装備飛行隊を護衛しつつも、ソ連軍戦闘機にかなりの犠牲を強いた。だが、彼らの成功は代償無しで成し遂げたものではなかった。この大戦最終局面の始めに犠牲となったのは、6月4日にルーマニア上空で戦死するまでに27機の撃墜戦果をあげた、第2地上攻撃航空団第6中隊長のギュンター・ブレックマン大尉であった。

　フリードリヒ=ヴィルヘルム・シュトゥラケルヤーン大尉は1943年に北極海で14.(Jabo)/JG5、つまり第5戦闘航空団第14(ヤーボ)中隊を率いて艦船攻撃に当たっていたが、その後第4地上攻撃航空団第II飛行隊(II./SG4)第II飛行隊長として東部戦線に復帰したものの、7月6日には北方戦域のマクティ近くで対空砲火の直撃弾により撃墜された。

　10月にはやはりSG2第6中隊員で40機近い撃墜戦果をあげていたオッ

1944年7月にルーマニアで見られた光景。第I飛行隊所属の地上攻撃型Fw190が背の高い草地に静かに止まっており、上空低くを5機編隊の印象的なBf110が通過していく。このF-3／R1にはタキシング時と離陸時に、乾燥した平原の砂や埃からBMWエンジンを守るためのサンド・フィルターが付いている。

第II飛行隊所属のロッテ。上の写真の機体と同様にこれらのFw190F-3／R1の車輪カバーは外されている。春になって泥がこびりつかないための対策だろうか。

トー・ドメラツキー少尉が、チェコスロヴァキア上空で非武装の輸送任務中にアメリカ軍戦闘機に襲われ、悲劇的な状況下で戦死した。パラシュートをもたない彼の機付長を操縦席後方の胴体内に押し込んで飛行中を襲われたドメラツキィは、自分だけがパラシュート降下するのを断って、危険を伴う胴体着陸を選んだ。不運にも彼は失敗し、衝撃によりふたりとも死亡した。

　アメリカ軍戦闘機に襲われる危険は新しいものではなかった。6月にクリミアからルーマニアへ撤退した際に、SG2第Ⅱ飛行隊は初めてP-51と遭遇した。すでにイタリアに進出したアメリカ軍のために2名の中隊長を含む多数のパイロットを喪失していた。だが1944年から45年に入りドイツ軍が大きく後退し、東部戦線と西部戦線の距離が縮小すると、危険性は倍加した。連合軍戦闘機の襲撃はたまの脅威から、恒常的な脅威へと変化した。安全など誰にもなかった。そして1945年4月17日に彼らはそれまでで最大ともいうべき犠牲を払うことになったのである。クリミア戦役のエースで116機という地上攻撃機パイロット最高の撃墜戦果をあげ、その当時はSG77第8中隊長を務めていたアウグスト・ランベルト大尉は、部下とともにドレスデン北東のカメンツを離陸し、進撃するソ連軍の攻撃に向かったところ、60機から80機のP-51に上空から襲われた。短くも絶望的な空戦ののち、撃墜された彼はカメンツから約20km離れたホイアスヴェルダに墜落した。彼の部下の6名もまた同じ運命をたどった。

　北方ではイギリス空軍が同じく猛威を振るっていた。4月30日にはスピットファイアの一団が、シュヴェーリン近くのシルテに着陸しようとしていたロケット弾装備の対戦車飛行隊、Ⅰ.(Pz)/SG9のFw190編隊を襲い、飛行隊長アンドレアス・クフナー大尉と第3中隊長ライナー・ノセク中尉の両名が戦死した。ヴィルヘルム・ブロメン中尉は自身が撃墜される前に1機を撃墜したが、重傷を負った。ブロメンの犠牲者は彼にとってFw190で6機目の撃墜戦果となったが、8日後に大戦が終結するため、地上攻撃機パイロットの撃墜戦果としては最後のひとつとなった。

　だが、大戦終結の数週間前には、東部戦線で待ち望んでいたFw190戦闘機隊の増援の到来が示された。連絡がうまくいかずに大きな犠牲を払った、元旦を期して戦闘機隊が連合軍の占領していた空軍基地へ仕掛けた攻撃、ボーデンプラッテ作戦から1カ月も経たないうちにFw190装備飛行隊11個を含む、戦闘航空団約10個分の構成部隊が東方に移動し始めた。すでにそれ以前に二度、短期間だけFw190装備飛行隊が第6航空艦隊の戦闘序列に登場していた。1944年6月末に、第11戦闘航空団第Ⅲ飛行隊（Ⅲ./JG11）と機種転換した第54戦闘航空団第Ⅳ飛行隊はポーランドに駐留していた。さらに興味をそそるのは、その1年前の1943年8月に1機のFw190夜間戦闘機が少数のHe111、Ju88とともに第200

もっとも偉大なシュトゥーカ・エースであるハンス=ウールリヒ・ルーデルのJu87は、Ⅱ./SG2のFw190によってたびたび護衛された。

夏服を着たルーデルが部隊内で会食を楽しんでいる。グラスの中身ははっきりしないが、ルーデルは良く知られた絶対禁酒主義者で、狂信的にこれを守った。ドイツ空軍内で知られた一篇の狂詩に「ルーデル少佐はミネラル・ウォーターしか飲まない（Major Rudel trinkt nur Sprudel）」と歌われた。

夜間戦闘航空団第8中隊(8./NJG200)で使用されていたことである。

すでにソ連軍がドイツ本土に侵攻し、やがてベルリンが直接脅かされる1945年1月中旬まで実質的な移動は始まらず、その時にはもう手遅れになっていた。東西の連合軍部隊は以前より緊密に歩調を合わせ作戦を遂行し、数週間後にはアメリカ軍とソ連軍がエルベ川で握手しドイツがふたつに分断されるという状況下、遅れてやってきた増援部隊を真の東部戦線配備部隊と分類するには異論もある。書類上はソ連軍と戦うことになってはいたが、大部分の部隊は背後からの西側連合軍の脅威にも対処しなければならなかった。

たとえば1月14日付で東プロイセンへ移動が命じられた第1戦闘航空団第Ⅰ飛行隊(I./JG1)は、イギリス軍戦闘機により何十名ものパイロットが戦死または負傷したため、ユルゲンフェルデに到着した時はわずか10機にまで戦力が減少していた。飛行隊長エーミール・デムート中尉が1月30日に撃墜した1機のYak-9を含む数機のソ連軍機を落としはしたが、2月上旬にHe162「国民戦闘機(フォルクスイェーガー)」へ転換のため引き揚げる前までに、さらに5名を喪失した。第Ⅱ飛行隊が東部戦線へ移動した時の状況はいくらかましだった。到着したその日にYak戦闘機との交戦で2名のパイロットを失ったが、それから1週間も経たないうちに急遽撤退することになり、自らの手で保有していた10機を破壊した。

6./SG2のオットー・ドメラツキはこの写真が1943年に撮影された時、上級曹長であった。彼は1943年1月5日に騎士鉄十字章を授与され、1944年10月13日に戦死した。その後1944年11月25日に柏葉騎士鉄十字章の追贈が発令された。戦死時までに彼の撃墜戦果は40機近くに達した。

東部戦線の「破城槌」
Sturmbock

重武装、重装甲のFw190A-8/R8を装備した第3戦闘航空団第Ⅳ飛行隊(Ⅳ./JG3)「ウーデット」は、本土防空戦で対爆撃機専門の突撃飛行隊だった。だがやはり東部に移動し、オーデル前線に沿ってシュテッティーン(シュチェチン)とベルリンへ向けて進撃するソ連軍を爆撃、掃討する任務に投入された。標準仕様のA-8より対空砲火に強いとはいえ、「シュトゥルムボック」[破城槌という意味]はソ連軍戦闘機に敵わなかった。だが、新たに第3戦闘航空団第Ⅳ飛行隊長に任じられたオスカー・ロム中尉、第54戦闘航空団第Ⅰ飛行隊に属していた1942年12月にヴャージマ上空で初撃墜を記録した「オッシ」・ロムは臨機の才をもっていた。

彼はフォッケウルフ戦闘機シリーズの最後から2番目の型である、液冷のユンカース・エンジンを搭載した長っ鼻D-9を、数週間前最初に見ていた。そして彼は敵に蹂躙される寸前の基地から放置された機体をかき集めてきたとはいえ、この新型戦闘機を中心に据えた組織を編成し始めた。彼はすぐに自分の飛行隊本部シュヴァルムだけでなく、1個中隊分のD-9を手に入れた。

この第3戦闘航空団第Ⅳ飛行隊所属の3機のFw190D-9のうち、真ん中の機体には以前の所有者を示す胴体帯を少し前に塗りつぶした痕跡がある。1945年3月、プレンツラウでの撮影。

「Fw190D-9は、制空および迎撃戦闘機としてはFw190Aよりも扱いや

すく、速度も、上昇率もすぐれている。急降下ではソ連軍のYak-3やYak-9を引き離すことができる」

ロムがD-9を使用した期間は短く、4月24日には終わった。シュテッティーン南で敵護衛戦闘機を難なくかわしてシュトゥルモヴィクの一団を攻撃中に、乗機のエンジンがオーバーヒートした。すぐに急降下して離脱し、追ってきたソ連軍戦闘機を簡単に引き離しはしたが、自軍戦線内にたどり着いてから不時着した際に重傷を負った。

ヘルベルト・クチャ大尉の率いる第11戦闘航空団第Ⅲ飛行隊（Ⅲ./JG11）もまた1945年1月末までには東部戦線に戻ってきたが、今度は航空団本部と第Ⅰ飛行隊（Ⅰ./JG11）も一緒だった。彼らは主にオーデル前線に沿って、あるいはポーゼン（ポズナン）方面で共同作戦を展開した。だが、その当時の航空団司令で、かつて地中海戦域でBf109のエースになっていたユルゲン・ハルダー少佐が、酸素系統の不調と信じられている原因で墜死したのは、ベルリン近くのシュトラウスベルグであった。

第300戦闘航空団第Ⅱ飛行隊（Ⅱ./JG300）もまた東部戦線へ移動した、Fw190A-8／R8装備の「シュトゥルムボック」部隊であった。やはり多数のD-9と、フォッケウルフ戦闘機シリーズの最終発達型であるTa152Hを少数装備し運用した戦闘航空団として知られる、JG301の残存部隊とともにオーデル前線に沿ってソ連軍の進撃を阻止するよう、2月1日に命じられた。

だが、2方面の前線で戦う危険性は、8日後に両航空団がドイツ西部でアメリカ軍爆撃機と戦うために呼び戻され、11機を失って現実化した。4月まで第300戦闘航空団第Ⅲ飛行隊（Ⅲ./JG300）はエルベ川沿いのアメリカ軍地上部隊を攻撃する任務に就いたが、再度東部戦線に呼び戻された。彼らはベルリン防衛の任に当たり、そこで敗戦を迎えたが、多くの目撃者の証言によると、鹵獲後ソ連軍の手で飛んだ「ドーラ9」と遭遇したという。「オッシ」・ロムが全部を回収したわけではなかったのだ。

これらFw190の後期型を装備した飛行隊の大部分は、ベルリンの北と東の入口で戦ったが、ほかの部隊は南側に配備された。第6戦闘航空団（JG6）は低地シレジアに派遣された。第Ⅱ飛行隊はかつてルーデル派遣部隊司令部の一部としてゲルリッツで、第2地上攻撃航空団Ⅱ飛行隊（Ⅱ./SG2）が担当した面白くない任務、同部隊の一握りの旧式な、何とか毎日飛行できるような対戦車用Ju87の護衛任務に就いた。第6戦闘航空団本部と第Ⅰ飛行隊（Ⅰ./JG6）はライヘンベルグ基地を小規模な偵察機部隊とともに使用した。

3月末まで第6戦闘航空団司令はドイツ空軍第2位のエース、ゲーアハルト・

1945年初めプレンツラウの格納庫の外で撮影された「オッシ」・ロムの「ドーラ9」には、飛行隊長機を示す二重シェヴロンの一部が見える。

飛行隊付補佐官機を示すシェヴロンが記入されたこの機体はロムの予備機である。この当時、第3戦闘航空団第Ⅳ飛行隊の飛行隊付補佐官は戦闘機パイロットの資格を有していなかったため、出撃はしなかった。

バルクホルン少佐が務めた。301機というバルクホルンの撃墜戦果はすべて東部戦線で、第52戦闘航空団に配属されていたあいだにあげたものである。最後の撃墜は第6戦闘航空団の指揮を執る11日前の1月5日の戦果であり、それは多分最後の時期の困難さを暗示しているのかもしれない。彼は第6戦闘航空団を率いていた10週間に1機の撃墜戦果もあげられなかった。

chapter 11

「終幕」(ト書き)
'fins'

　西から移動して来た新参者が東部戦線の航空戦に関する無慈悲な現実を学んでいるあいだ、この戦線ではベテランの第51戦闘航空団と第54戦闘航空団が、いまやどちらもバルト海を背に遮断されてしまった。3月中旬までに東プロイセンのドイツ軍はダンツィヒ（グダニスク）湾両側の2カ所に押し込められた。一方は州都ケーニヒスベルクの周辺、もう一方はダンツィヒであった。ドイツ軍は両都市のあいだの細長い岬も維持していた。

　3月中旬、第51戦闘航空団航空団本部中隊はこの細長い岬のすぐ外のノイティーフに駐留していた。そこから出撃し、3月25日にはソ連軍爆撃機を7機撃墜。その3日後に飛行場は、地上から繋がれた気球からの指示による、ソ連軍の猛烈な砲撃に遭った。砲撃の合間に、志願した整備兵は残されたFw190の整備に奮闘した。4月7日には中隊長ヴィルヘルム・ヒプナー少尉がノイクーレン上空で対空砲火の直撃弾を浴びて戦死。彼は航空団本部中隊に属していたあいだに62機撃墜の戦果をあげていた。ノイティーフがまったく持ちこたえられなくなって本部中隊は東に移動し、次第に狭まっていくケーニヒスベルク包囲網の内に入った。

だが、新たな基地リッタウスドルフはすぐに絶え間ないシュトゥルモヴィク、Pe-2、それに地上掃射するエアラコブラの襲撃に遭った。

　そうした空襲が最高潮に達した4月15日に、1機のFw190が奇跡的に爆撃と機関銃掃射から無傷で滑り込んできた。その機体を操縦していたのはハインツ・ランゲ少佐で、フリッツ・ロージヒカイト少佐から引き継ぐ第六代で最後の航空団司令の任に当たるため、単機で400km以上も敵占領地域を飛行してきたのであ

この写真は、第54戦闘航空団第II飛行隊の飛行隊長をほぼ2年間務めたエーリヒ・ルドルファー少佐が、剣付柏葉騎士鉄十字章を授与される直前の1943年8月に撮影された。彼は222機撃墜という信じられないような戦果をあげて大戦を生き延びている。136機は東部戦線で第54戦闘航空団に配属されていたあいだに撃墜したものであった。

1944年のクリスマス当日にクーアラントのリバウで、サンタクロース（実はゲルト・ティベンの僚機を務めたフリッツ・ハンゲブラウク曹長）が第54戦闘航空団第7中隊の整備兵たちに歓迎されているところ。

る。だがランゲの辛い任務は航空団の解隊を監督することとほとんど変わりなかった。4月28日に航空団本部中隊は解隊した。数名のパイロットは乗機を西に向け、飛び去って行った。発展家の軍曹のひとりは恋人を乗せて行きさえもした。

航空団本部中隊の解隊はランゲに以前の職へ戻ることを許した。つまり第51戦闘航空団第Ⅳ飛行隊の指揮を執ることである。第Ⅳ飛行隊はつい最近、沿岸に沿ってさらに西方のガルツで新品のFw190A-8と少数のD-9に再転換したばかりであった。1942年から43年にかけての冬にBf109からFw190へ転換した時と比較すると、彼らの最近の転換は基本的にこれ以上はないといえるほどよいものであった。フォッケウルフ工場から派遣された技術者が操縦席配置や飛行特性、離陸時は機尾を決して持ち上げるな、といった取扱い上の注意点などを説明してくれた。数回の練習飛行のあとで、彼らはベルリンの南方に移動した。彼らまたはその乗機、あるいはその両方については、3週間で5名（5機？）の損失を被ったが、115機撃墜の戦果をあげたといわれている。

4月29日にノイブランデンブルク上空で、ハインツ・ランゲ少佐は4機のLa-7を相手に、自身にとって最後となる空中戦を演じた。だが、第51戦闘航空団がFw190を使用してあげた最後の撃墜戦果は、同じ日にアルフレート・ラウフ上級曹長が記録した。そして、第51戦闘航空団は5月1日にFw190最後の損失を被った。ドイツ首都の北方でハインツ・マルクアルト上級曹長がスピットファイアとの空戦で撃墜され、パラシュート降下したのである。その後第51戦闘航空団はフレンスブルグへ退却し、イギリス軍に降伏した。第51戦闘航空団のFw190にとって、大戦は終わった。

こうして第54戦闘航空団だけが残った。

そして彼らは基地の目と鼻の先で独自の戦いをしていた。だが、ほかから隔離され、そのためかもしれないが、第54戦闘航空団第Ⅰ、第Ⅱ飛行隊の撃墜戦果はクーアランド半島に閉じ込められた最後の数カ月間も上昇し続けた。1944年10月15日、ソ連軍による最初の守備軍殲滅を目指した攻勢の前日に、第6中隊長ヘルムート・ヴェトシュタイン中尉は第54戦闘航空団にとって8000機目の撃墜戦果をあげた。ソ連軍はクーアランド守備軍に対し合計6波におよぶ攻勢を加えた。第2波の終りごろの11月28日までに、第54戦闘航空団は

1945年にクーアランドにいた第54戦闘航空団第Ⅱ飛行隊長は、ルドルファーからヘルベルト・フィンダイゼン大尉に交替した。

新たに騎士鉄十字章を授与されたふたり。左のヘルマン・シュラインヘーゲ少尉は1945年2月19日に、右のフーゴー・ブロッホ少尉は1945年3月12日にそれぞれ授与された。そして1945年3月にはふたりとも第54戦闘航空団第Ⅱ飛行隊に所属し、クーアランドのシュルンデン（シラヴァ）にいた。

1945年3月、シュルツ少尉が第6中隊にとって100機目の撃墜戦果をあげ、リバウ北飛行場へ帰還した時の光景。

1945年3月にクーアランド半島のバート・ポランゲン沿岸で、ソ連軍魚雷艇を沈めた第6中隊のシュヴァルム・パイロットたち。左から右にメシュカト曹長、リヒト軍曹、ハニヒ少尉、そしてコーラー軍曹。

メシュカト曹長が上で述べた魚雷艇攻撃任務から帰還し、乗機のFw190A-8から降りるところ。

バルト海で空襲を受けるソ連軍のG級魚雷艇。

さらに239機を撃墜していた。第3波は12月21日から31日まで続いたが、その間のわずか2日間に11機の損失に対し100機を撃墜した。だが損失はすべて深手として感じられた。第3波の初日に受けた深刻な痛手は、第3中隊のハンス＝ヨアヒム・クロシンスキ少尉が撃墜されたことだった。1942年夏以来第Ⅰ飛行隊員だったクロシンスキが、5機のPe-2を落とし総撃墜数を76機としたところで、最後のPe-2の後部射手は彼のFw190を銃撃した。前部燃料タンクがすぐに火を吹き、高性能炸裂弾がクロシンスキの膝を撃ち砕いた。

負傷し、炎が操縦席内に吹き込んできたにもかかわらず、彼は何とかパラシュート降下に成功した。地面にぶつかった瞬間に彼は気を失った。両目を失明し片足を失ったが、彼は生き延びた。6日後、さらに古株の隊員が失われた。112機撃墜のエースで第1中隊長のハインツ・「ピープル」・ヴェルニッケ少尉が、リガ南西で空戦中に誤って僚機と衝突したのである。

ソ連軍の各攻勢の合間には地上での戦闘が比較的下火となり、疲弊したクーアランド地上軍にいくらか息継ぎの余裕を与えた。しかし第54戦闘航空団の両飛行隊にとっては、そのような回復期間は得られなかった。ソ連空軍は半島への補給と脱出に使う港を休みなく攻撃した。特に主要港のリバウは繰返し攻撃を受けた。第54戦闘航空団第Ⅱ飛行隊はリバウ＝クロビンの近くに駐留し、第Ⅰ飛行隊は65kmほど内陸のシュルンデンに在って、攻撃側に絶え間なく損害を与えた。12月中旬のそうした地上戦が下火となった時期の2日間に、第54戦闘航空団はリバウ市街と港湾施設への大規模な攻撃に際して、それぞれ44機と56機を撃墜した。

補給港防衛に当たっていない時は、ソ連軍の空と海からの攻撃に遭い苦境に陥った艦船を守った。彼らはまたクーアランドに駐留した少数の不格好なJu52「マウジ」の護衛も務めた。「マウジ」は港湾へ向かう航路に敷設された機雷を除去するため、大きな二重の輪を胴体と翼の下面に装着していた。

敵の圧力は決して無くならなかった。1945年1月24日にソ連軍は第4波攻勢を仕掛けてきた。2月20日に

は第5波。第54戦闘航空団きってのパイロット2名を失ったのは2月のことであった。まず最初はエーリヒ・ルドルファー少佐が第7戦闘航空団第Ⅱ飛行隊(Ⅱ./JG7)の指揮を執るため異動したことである。ルドルファーはムガでユンク大尉が戦死した1943年7月以来、第54戦闘航空団第Ⅱ飛行隊長を務めてきた。それ以前は西部戦線と地中海方面で第2戦闘航空団の隊員として戦ったが、東部戦線に到着後すぐに、すでに多かった撃墜記録を塗り替えていった。

　射撃の名手で、物静かで、内向的なルドルファーはより外向的なノヴォトニー、ハルトマン、マルセイユに比肩しうる人物かもしれない。しかし彼の一日につき複数の敵機を撃墜というカテゴリーでは彼らすべてより輝きを放った［マルセイユは一日で17機撃墜の記録を立てたが3回の出撃の合計］。1943年11月6日は彼が射撃に関する偉業を達成した日であった。その日彼はわずか17分間に立て続けになんと13機のソ連軍機を撃墜したのだ。最終撃墜戦果222機をあげて、ルドルファーは大戦を生き延びた。しかしこの数字は何事もなく容易に達成できたわけではない。彼は16回撃墜され、9回もパラシュート降下を余儀なくされた。これは降下猟兵の記章を得るに十分な経験である。大戦最後の3カ月間は、ヘルベルト・「ムンゴ」・フィンダイゼン大尉がルドルファーの後任として第54戦闘航空団第Ⅱ飛行隊長を務めた。彼は東部戦線の初期に偵察機パイロットを務めていたあいだに47機撃墜の戦果をあげたが、その後さらに25機の戦果を追加した。

　2月における第54戦闘航空団の次に大きな損失は「緑のハート」航空団を震撼させた。それは同航空団最高のエースの喪失であった。物静かで、物事を深刻に受け止め、ゆっくりと喋るオットー・キッテルは1941年秋に下士官パイ

司令官会議。左から右にディーター・ハラバク大佐（第54戦闘航空団航空団司令）、ヘルムート・ヴェトシュタイン大尉（第6中隊長）、ヘルベルト・フィンダイゼン少佐（第Ⅱ飛行隊長）、それに第1航空艦隊総司令官のクルト・プフルークバイル上級大将が写っているこの写真は、1945年2月にリバウ北飛行場で撮影された。

この写真はクーアランドから脱出する情景を撮影したものではない。しかし胴体後部のハッチを外された点検穴から見える下士官の姿が、窮屈な格好で押し込められた者の置かれた状況を理解する助けになるであろう。

大戦終結後、北ドイツのフレンスブルクには何十機というFw190AとD型、それに1機のBf109が、大部分はプロペラが外された状態で放置されていた。この写真は廃棄されたJu52「マウジ」の見晴らしがよい胴体上から撮影された。

ロットとして第54戦闘航空団第2中隊に配属された。Bf109の使用期間中は、その後の成功を暗示するような活躍は何もしなかった。最初の15機を撃墜するのに約8カ月を要し、さらに24機の戦果を追加するのにもう9カ月を要した。だが1943年2月の59機目となる撃墜戦果が航空団にとっての4000機目の撃墜に当たるばかりでなく、オットー・キッテル曹長の勇名をもとどろかせるきっかけとなった。まもなくFw190に転換してからは、彼は決してうしろを振り返らずに前進した。ちょうど1年と少しのちに彼のスコアは150機に上昇した。二度撃墜され、2週間だけソ連軍の捕虜となったが脱走、という体験をしていたにもかかわらず、以前にも増して彼の撃墜数は急上昇していった。

2月14日にオットー・キッテル中尉は侵入したシュトゥルモヴィク編隊を迎撃するため緊急発進した。しかし彼にとって583回目となるこの出撃で、ついに彼は幸運から見放された。彼は1機のシュトゥルモヴィクの後部銃座からの反撃で戦死した。オットー・キッテルの最終確認撃墜戦果は267機に達し、ドイツ空軍第4位のエースであった。クーアランドで彼の名声は前線の塹壕のなかにまで轟いていた。彼の中隊のある隊員は「オットー・キッテルが戦死した時、クーアランド包囲網の我々に暗闇が訪れた」と述べている。

中央戦区の最後。Fw190の残骸がベルリンのテンペルホーフ空港のエプロンに散らばっている。同空港は大戦中を通じて、あらゆる種類のドイツ空軍機の保管・修理施設として使われた。

そしてこの隊員は正しかった。翌月の3月18日にソ連軍の第6波、そして最後の攻勢が始まった。ふたたびそれは鈍り、阻止された。だがここ数ヵ月間クーアランド半島の死守を無理強いしていた、アードルフ・ヒットラーが4月30日にベルリンで自殺したため、クーアランド「要塞」を最終反攻の拠点に使おうというすべての考えもまた彼とともに死んだ。

　ナチス・ドイツと全軍の降伏は数日後に迫っていた。クーアランドの空軍部隊に関していえば、このことは唯ひとつのことを意味した。できる限り多数の戦友を乗せて西へ脱出するということである。「マウジ」は彼らの整備兵だけでなく第54戦闘航空団の整備兵も運ぶことで、第54戦闘航空団の以前の貢献に対して報いた。部下からは「パピ」・プフルークバイルと呼ばれていた第1航空艦隊総司令官のクルト・プフルークバイル上級大将は、自身の専用機であるJu52を第54戦闘航空団の駐機場に置いていた。しかし、彼が幕僚とともにそこに残留し何年にも渡ってソ連での抑留に耐えることを決意し、Ju52がより多くの地上勤務兵の脱出に使われるのを喜んで見送った。

　Fw190パイロットもまた彼らにできる人助けを行った。約50機がクーアランドに残っており、不要な装備をすべて下ろす代わりに2名、3名、時には4名も乗せた。無事に西側へ着陸した1機のFw190にはパイロット以外に何と5名も乗っており、パイロットの後方に押し潰された格好で2名、胴体後部の無線機室に1名、翼内弾倉に1名ずつで、機体から出てきた人たちの顔は、その光景を目撃した者の話では見ものだったという。

　少数の「緑のハート」航空団隊員は故郷目指して飛行した。1名か2名はバルト海を320㎞以上も横断して、中立国スウェーデンに向かった。だが大多数は、イギリス軍が占領したフレンスブルクかシュレスヴィヒ＝ホルシュタイン州のキールへ飛行せよ、という命令に従った。キールへ向かった最後の集団のひとりに第54戦闘航空団第7中隊長のゲーアハルト・ティベン中尉がいた。1年と少し前に第54戦闘航空団へ着任するまで、ティベンはJG3に属していた。彼は1944年9月30日に100機目を撃墜し、それ以来さらに56機の撃墜戦果をあげていた。

　5月8日早朝、ティベンは彼の機付長アルベルト・マイアースを操縦席後方の無線機室に、胴体を前後に通っている尾翼操縦系統の操作を邪魔しないように押込み、離陸した。フリッツ・ハンゲブラウク曹長機が僚機として従い、2機のFw190は西方に針路を取った。彼らが海上に出ると、煙とリバウの廃墟が後方に過ぎ去っていった。突然、ゲルト・ティベンは前方の自分たちより低い高度に濃緑色のペトリャコーフを1機発見した……

おそらく第3地上攻撃航空団Ⅲ飛行隊（Ⅲ./SG2）の所属と推定される地上攻撃型のFw190「黄のC」に、ひっくり返った掃海飛行隊第2中隊の「マウジ」（識別記号3K＋CK）がのしかかっている。Ⅲ./SG2は敗戦直前には第54戦闘航空団とともにクーアランドにいた。

付録
appendices

東部戦線で1943年から1945年の間、Fw190を装備した部隊の保有機数を示す。

(A) 1943年7月10日（クルスク会戦時）

	保有機数	出撃可能機数
第1航空艦隊（レニングラード戦域）		
JG54航空団本部	5	5
II./JG54（Bf109を含む）	50	28
12./JG54	11	8
第6航空艦隊（クルスク北側面域）		
JG51航空団本部	15	10
I./JG51	28	15
III./JG51	35	19
IV./JG51	30	25
[15.（スペイン人部隊）/JG51	22	16]
I./JG54	32	19
第4航空艦隊（クルスク南側面域）		
Sch.G.1航空団本部	2	1
I./Sch.G.1（Hs129を含む）	51	36
II./Sch.G.1（Hs129を含む）	54	38
合計	335	220

(B) 1944年6月26日（ソ連軍の夏期攻勢時）

		保有機数	出撃可能機数
第1航空艦隊（北方戦区）			
クールマイ部隊（フィンランド）			
II./JG54	インモラ	28	19
1./JG54	トゥルク	12	9
1./SG5	インモラ	12	5
東方戦域司令部（エストニア）			
JG54航空団本部	ドルパト	12	7
I./JG54（第1中隊は除く）			
	レヴァル・ラクスベルグ	22	13
第6航空艦隊（中央戦区）			
第1航空師団			
SG1航空団本部	パストヴィッチ	5	4
III./SG1	パストヴィッチ	38	20
I./SG10	ボブルイスク	36	22
第4航空師団			
III./SG10	ドクドヴォ	39	30
第6戦域司令部			
JG51航空団本部中隊（Bf109を含む）			
	オルシャ	12	11
第4航空艦隊（南方戦区）			
第I航空軍（ルーマニア）			
II./SG2	ツイリステア	27	20
II./SG10	クルム	29	18
第VIII航空軍（ポーランド）			
II./SG77	レンベルグ（ルヴォフ）	33	24
合計		305	202

(C) 1945年4月1日（ボーデンプラッテ作戦後の戦力回復）

	保有機数	出撃可能機数
第1航空艦隊（北）		
クーラランド派遣空軍部隊		
JG54航空団本部	5	4
I./JG54	38	33
II./JG54	40	37
III./SG3	43	42
東プロイセン派遣空軍部隊		
JG51航空団本部中隊	22	21
I./SG3	45	31
第6航空艦隊（中央）		
JG1航空団本部	4	4
II./JG1	68	67
JG3航空団本部	5	5
[II./JG3]		
IV./JG3	58	47
II./JG4	57	57
JG6航空団本部（Bf109を含む）	4	4
I./JG6	72	55
II./JG6	47	45
JG11航空団本部	4	4
I./JG11	45	45
III./JG11	45	44
III./JG54	42	42
[II./JG300]		
[II./JG301]		
[III./JG301]		
SG1航空団本部	3	3
I./SG1	42	38
II./SG1	44	39
III./SG1（第8中隊は除く）	41	20
SG2航空団本部	6	6
II./SG2	49	49
SG3航空団本部	8	7
II./SG3	43	40
SG4航空団本部	1	1
I./SG4	29	19
II./SG4	39	32
III./SG4	21	9
1.(Pz)/SG9	16	15
SG77航空団本部	8	7
I./SG77	34	33
II./SG77	35	29
III./SG77	45	41
13./SG151	18	18
第4航空艦隊（南）		
I./SG2	28	19
SG10航空団本部	6	4
I./SG10	19	9
II./SG10	4	0
III./SG10	33	17
Ung.Sch.Gr.（ハンガリー軍）	23	12
合計	1239	1054

カラー塗装図　解説
colour plates

1
Fw190A-8　「黒の二重シェヴロン」　1945年2月ころ　メクレンブルク
第1戦闘航空団第II飛行隊長パウル＝ハインリヒ・デーネ大尉
　1945年に東部戦線へ移動してきたFw190として、デーネ機は大戦末期の迷彩塗装と国籍標識の代表的な例である。胴体後部に第1戦闘航空団の赤い本土防空標識帯を付けたままなのは、この機体がおそらく1月中旬に移動してきた第一陣に含まれるためと思われる。デーネは移動に際しこの機体を前任者のヘルマン・シュタイガー少佐からもらい受けたに違いない。デーネは100機以上の撃墜効果をあげたが、そのうちおよそ80機は1942年から43年にかけて東部戦線で第52戦闘航空団に属していたあいだに撃墜したものである［デーネは1944年4月6日に74機撃墜の功で騎士鉄十字章を授与された］。しかし飛行記録簿や部隊日誌が失われたため、1945年中にFw190で何機撃墜したか正確なことは判らない。デーネは1945年4月24日にHe162「国民戦闘機」で事故死した。

2
Fw190A-8　「黄の1」　1945年3月　ガルツ／ウーゼドム
第1戦闘航空団第7中隊長ベルント・ガロヴィッチ少佐
　デーネ機とは異なり、ガロヴィッチの「アントン8（アハト）」は本土防空標識帯を付けていない。これはおそらく東部戦線に移ってから配備された補充機と思われる。濃密な斑点迷彩とまったく形状の違う国籍標識に注目。第51戦闘航空団に属し東部戦線で戦ったのを含む、変化に富んだ経歴の持ち主であるガロヴィッチは最終撃墜効果64機をあげ、大戦を生き抜いた。5機以外はすべて東部戦線で撃墜したものである。だが大戦終結直前の数カ月間にFw190で何機を撃墜したかは不明［ガロヴィッチは1942年1月24日に42機撃墜の功で騎士鉄十字章を授与された］。

3
Fw190D-9　「黒の二重シェヴロン」　1945年3月　プレンツラウ
第3戦闘航空団第IV飛行隊長オスカー・ロム中尉
　ロム機は注意深く縁取られた飛行隊長機を示す二重シェヴロンを含めて、ほぼD-9初期の代表的な迷彩とマーキングを示している。これは第3戦闘航空団第IV飛行隊本部に配備の多くの「ドーラ9（ノイン）」が、ひどく汚れて以前のマーキングを消した跡が残っているのとは対照的である。しかしいずれの機体も、第IV飛行隊所属を示す記号を胴体国籍標識のうしろに記入してはいない。ロムの空軍パイロットとしての経歴は先のデーネと同じ、1945年4月24日に撃墜され重傷を負ったことで終止符を打たれたが、それまでに92機の撃墜効果をあげた［ロムは1944年2月29日に76機撃墜の功で騎士鉄十字章を授与された］。

4
Fw190D-9　「黒いシェヴロンと横棒」　1945年1月ころ
オーデル戦線　第4戦闘航空団司令ゲーアハルト・ミカルスキ中佐
　通常とは少し異なる斑点迷彩に身を包んだこの機体は、1944年から45年冬にかけてミカルスキが使い同様な迷彩を塗られた数機のD-9のうちの1機である。シェヴロンと国籍標識を挟む横棒の、航空団司令機を示す記号は戦前の複葉機を使っていた時代にまで遡る。第4戦闘航空団を示す黒白黒の本土防空標識帯が上から重ね塗りされているのは、最近ラインからオーデルへ移動したことを示している。長らく第53戦闘航空団第IV飛行隊に属し地中海戦域でのBf109エースであるミカルスキは、東部戦線でも14機を撃墜したが、大戦が終結して9カ月後に交通事故で死亡した［ミカルスキの最終撃墜効果は73機で、1942年9月4日に41機撃墜の功で騎士鉄十字章を、また1944年11月25日には柏葉騎士鉄十字章をそれぞれ授与された］。

5
Fw190A-3　「黒の1」　1943年6月ころ　フィンランド北部のペッツァモ
第5戦闘航空団第14中隊（ヤーボ）隊長
フリードリヒ＝ヴィルヘルム・シュトゥラケルヤーン大尉
　Fw190初期の標準塗装で東部戦線を示す黄色い標識が欠落しているが、カウリングには弓と爆弾をあしらった中隊章が記入されている。このことは1943年春以降、東部戦線にいたFw190のなかでは例外といっても良いことである。シュトゥラケルヤーンは1944年春に第14中隊を引き連れてイタリアに移駐したが、同年夏には第4地上攻撃航空団第II飛行隊（II./SG4）の隊長として東部戦線に戻ってきた。彼は1944年7月6日に戦死を遂げた。その従軍期間中は主として地上攻撃任務に従事したものの、少なくとも9機の撃墜効果をあげた［シュトゥラケルヤーンは9機撃墜と総計トン数15000トンの艦船を撃沈した功で、1943年8月19日に騎士鉄十字章を授与された］。

6
Fw190D-9　「黒いシェヴロンと横棒」　1945年1月ころ
低地シレジア地方
第6戦闘航空団司令ゲーアハルト・バルクホルン少佐
　ミカルスキ機と同様な航空団司令記号を付けたバルクホルンの「ドーラ9」には、彼が東部戦線で301機撃墜を誇るドイツ空軍第2位のエースであるにもかかわらず［バルクホルンは1942年8月23日に59機撃墜の功で騎士鉄十字章を、1943年1月11日に120機撃墜の功で柏葉騎士鉄十字章を、そして1944年3月2日には250機撃墜の功で剣付柏葉騎士鉄十字章をそれぞれ授与された］、それを誇示するマーキングの類が一切ない。バルクホルンはFw190では1機の撃墜も果たせなかった。しかし彼の機体には、東部戦線に移動するまで従事していた任務を表す赤白赤の本土防空標識帯（この帯を付けていたかどうかは異論がある）を含めて、当時の第6戦闘航空団所属機の塗装とマーキングを示している。操縦席側面に記入された妻の名前「クリストル」と、シェヴロンの内側の小さい「白の5」は、いずれも独ソ開戦時の乗機Bf109Fにまで遡る伝統を持つマーキングである［第6戦闘航空団はD-9を受領してただちに東部戦線に移動したため、本土防空標識帯を付けていたことはなかった］。

7
Fw190A-8　「黒の二重シェヴロン」　1945年2月ころ
ブランデンブルク
第11戦闘航空団第III飛行隊長ヘルベルト・クッチャ大尉
　簡略化された国籍標識を付けた後期迷彩のもうひとつの例がクッチャのA-8である。やはり胴体後部には以前の任務を示す本土防空標識帯を付けたまま。1939年12月14日に初撃墜（ドイツ湾上空でのウェリントン爆撃機）を記録したのち、クッチャは駆逐機と地上攻撃機のパイロットとして出撃した。彼は敗戦時までに47機の撃墜効果をあげ、うち14機はソ連機で、さらに多くの地上目標も破壊した［クッチャは1942年9月24日に21機撃墜の功で騎士鉄十字章を授与された］。

8
Fw190A-3　「黒の二重シェヴロン」　1942年8月
プロイセン東部　イェーザウ
第51戦闘航空団第I飛行隊長ハインリヒ・クラフト大尉
　第51戦闘航空団第I飛行隊がイェーザウでFw190A-3に転換した当時は標準迷彩塗装とマーキングを施されていたが、まだ東部戦線を示す黄帯は記入されてない。しかし、多くの機体はこの図のように、山の頂に立つカモシカを様式化した飛行隊章を付けていた。この記章はロシアに移駐してまもなく消された。それというのも、東部戦線では部隊識別が可能な記章の類はすぐに禁止されたためである。飛行隊と

同様、「ガウディ」・クラフトもまた長生きできず、12月14日に対空砲火で撃墜された。それまでの撃墜戦果は78機に達していた［クラフトは1942年3月18日に46機撃墜の功で騎士鉄十字章を授与された］。

9
Fw190A-5　「黒の二重シェヴロン」　1943年5月ころ　オリョール
第51戦闘航空団第Ⅰ飛行隊長エーリヒ・ライエ少佐
　第Ⅰ飛行隊のFw190使用期間における3番目の隊長を務めたエーリヒ・ライエは、前任者よりずっと幸運で、約2年間第Ⅰ飛行隊長の任にあった。クルスク会戦前の状態を示した彼のA-5は、白い冬季迷彩を落とし初夏の緑2色の分割切縁に塗り分けられている。以前は胴体の国籍標識を記入していた部分に塗られていた黄帯が、尾翼直前の胴体後部に移っている。1944年末に第77戦闘航空団司令に就任したライエは、1945年3月7日にチェコスロヴァキアで撃墜したYak-9と空中衝突し、低空からパラシュート降下したものの死亡した。彼は東部戦線で75機、西部戦線でも43機の撃墜戦果をあげた［ライエは1941年8月1日に21機撃墜の功で騎士鉄十字章を授与され、戦死時には柏葉騎士鉄十字章の推薦を受けていた］。

10
Fw190A-3　「黒の二重シェヴロン」　1943年1月　ロシア　イヴァン湖　第51戦闘航空団第Ⅰ飛行隊長ルードルフ・ブッシュ大尉
　クラフトの前任者であるルードルフ・ブッシュ大尉のA-3は、ここ数週間の激しい戦闘をうかがわせる。最近塗られた白い冬季迷彩は、激戦とイヴァン湖の凍結した湖面を利用した駐機場からの運用で、すでに汚れと退色が目立つ。黄色の戦域標識は塗られているが、飛行隊章はもう消されている。1カ月と少しのあいだ第Ⅰ飛行隊長を務めていたブッシュは、1943年1月17日にイヴァン湖から離陸直後に空中衝突で死亡した。彼はおよそ40機を撃墜し、5機以外は東部戦線であげた戦果である。

11
Fw190A-3　「黄の9」　1942年12月　ヴァージマ
第51戦闘航空団第3中隊長ハインツ・ランゲ大尉
　ランゲのA-3は冬の真っ直中の塗装を示し、上面全体が一時的に白く塗られている。ハインツ・ランゲは第51戦闘航空団第3中隊長、その後Ⅳ飛行隊長を務めてから、大戦終結直前の4週間にわずかに欠ける期間は第51戦闘航空団の第6代で最後の航空団司令職にあった。彼は初め第51戦闘航空団第Ⅰ飛行隊に配属され、1939年10月30日にドイツとオランダの国境近くでRAFのブレニム爆撃機を撃墜した。この西部戦線における唯一の撃墜のあと、彼は東部戦線で4年近くのあいだに69機の撃墜戦果を追加した［ランゲは1944年11月18日に70機撃墜の功で騎士鉄十字章を授与された］。

12
Fw190A-4　「黄の1」　1943年6月　オリョール
第51戦闘航空団第3中隊ヘルベルト・バロイター上級曹長
　ほぼツィタデレ攻勢のころのもう1機の第Ⅰ飛行隊機であるバロイターの「黄の1」は第9図のライエのA-5とは異なったマーキングを見せている。第3中隊機の機体番号に使われた黄色は茶色といわれることがあるだけに、きわめて暗い色合いである。バロイターはのちにオスカー・ロム指揮下の第3中隊の第Ⅳ飛行隊に加わり、1945年4月30日に第14中隊を率いてプレンツラウ北のソ連軍に低空攻撃を仕掛けた際に戦死した。最終撃墜戦果は55機に達し、すべて東部戦線であげたものである［バロイターには敗戦直前に騎士鉄十字章の授与が発令されたが、混乱のため日付は不明］。

13
Fw190A-4　「黄の5」　1943年6月　オリョール
第51戦闘航空団第3中隊ヨーゼフ・イェンネヴァイン少尉
　ほかとはまた異なる塗装の変化を示すイェンネヴァインのA-4は、時に茶色あるいはタンと緑を使った分割迷彩に塗られている。胴体後部の黄帯よりずっと暗い黄色をやはり機体番号に使っているのに注目。5はイェンネヴァインが1940年にスラローム、ダウンヒル、アルペンの複合スキー世界チャンピオンとなった時以来のラッキーナンバーである［イェンネヴァインは1943年7月26日に撃墜され行方不明となり、のちに戦死と認定された。最終撃墜戦果は86機で、同年12月5日には騎士鉄十字章の追贈が発令された］。

14
Fw190A-5　「黒の二重シェヴロン」　1943年7月　クルスク
第51戦闘航空団第Ⅲ飛行隊長フリッツ・ロージヒカイト大尉
　ロージヒカイトが10カ月にわたって第Ⅲ飛行隊長の任にあった際、初期に使った機体の1機である。通常よりいくらか明るい色に塗られたこのA-5は、当時の標準的なマーキングを付けており、胴体後部の黄の戦域標識帯の直前には第Ⅲ飛行隊を示す縦棒が記入されている。1944年4月に第51戦闘航空団司令に昇格した彼は1年間その職にあったが、大戦が終結する数週間前に第77戦闘航空団司令に任命された。最終撃墜戦果68機のうち、およそ12機以外は東部戦線で第51戦闘航空団に属していたあいだに撃墜したものである［ロージヒカイトはドイツ空軍から派遣された伝習要員として、1941年夏から半年ほどの間日本に滞在していた。その間に日本が輸入したBf109Eを操縦してキ44（のちの二式単座戦闘機）の試作機と模擬空中戦を経験している。1945年4月、騎士鉄十字章を受章］。

15
Fw190A-3　「白の11」　1943年1月ころ　オリョール
第51戦闘航空団第7中隊長ヘルベルト・ヴェーネルト大尉
　白色冬季迷彩にはすでにかなり汚れと剥離が目立ち、ヴェーネルトの「白の11」もまた胴体後部の黄色い戦域標識帯の上半分を、上空から目立たないように白く塗りつぶしている。これは第51戦闘航空団の基地が空襲される可能性を意識するようになったあらわれである。ヴェーネルトは1943年8月に西部補充飛行隊長に任命されるまで、西部戦線での2機を含む36機すべての撃墜戦果を第51戦闘航空団に属していたあいだにあげた。

16
Fw190D-9　「白の1」　1945年4月　ポンメルン（ポメラニア）
シュモルドウ　第51戦闘航空団第13中隊長クルト・タンツァー少尉
　Bf109を長期間使用したのち、第51戦闘航空団第Ⅳ飛行隊は大戦終結の数週間前にFw190へ転換した。同飛行隊のA-8とD-9には当時の標準塗装が施され、この図のように全機が胴体国籍標識のうしろに波形の飛行隊記号を記入していたが、すでに戦域を表す黄色はどこにも使われていない。タンツァーの最終撃墜戦果143機のうち、126機は東部戦線で撃墜したものである［タンツァーは1943年12月5日に35機撃墜の功で騎士鉄十字章を授与された］。戦後、彼は西ドイツ空軍に入り、1960年にT-33練習機の事故で死亡した。

17
Fw190A-8　「黒の3と横棒」　1944年11月　メーメル
第51戦闘航空団本部中隊ヘルムート・ヨーネ軍曹
　1943年から44年にかけて、第51戦闘航空団の東部戦線に展開していた3個飛行隊はすべてFw190からBf109に転換したが、航空団本部中隊のみ東部戦線に在ったあいだは終始Fw190を使った。中隊記号も常に変わらず、事実上航空団司令を示す、胴体国籍標識の前後に横棒（前の棒の先は尖っている）を記入したが、航空団司令の二重シェヴロンは機体番号に置き換わっていた。スピナとカウリング前部が黄色に塗られている意図は不明だが、大戦のこの時期、すぐに引き金を引きたがるドイツ軍対空砲火と地上軍に対する識別が目的かもしれない。そうだとしたら、友軍陣地の上空を飛行する機体が無塗装ならばアメリカ軍機で、このマーキングがなく、迷彩が塗られていればソ連軍機、このマーキングがあれば友軍機ということになる。ヨーネは1945年2月9日

に撃墜されるまでに、ソ連軍機8機の撃墜戦果をあげた。

18
Fw190A-8 「黒の6と横棒」 1944年7月ころ オルシャ
第51戦闘航空団本部中隊フリッツ・リュデッケ上級曹長
　航空団本部中隊は1944年初めの短期間だけ、保有するA-8に個人名（妻あるいは恋人と思われる）を記入していたが、これは東部戦線におけるFw190としてはきわめて異例であった。図示したほかの3機の航空団本部中隊機とは異なり、「ハンニ」には白い縁どりが付いていない。50機撃墜のエクスペルテである「パウレ」・リュデッケは、地上攻撃と戦闘爆撃任務も数多くこなし赫々（かっかく）たる戦果をあげたが、リトアニア・東プロイセン国境上空で1944年8月10日に対空砲火により戦死した［リュデッケには同年12月5日に騎士鉄十字章の追贈が発令された］。

19
Fw190A-8 「黒の11と横棒」 1944年9月ころ ズィッヒェナウ
第51戦闘航空団本部中隊ギュンター・ハイム少尉
　ギュンター・ハイムの「Tanja（ターニャ）」にはバンブー文字が使われており、東洋的な香りがする。彼女は20機以上の撃墜戦果をあげたハイムにたしかに幸運をもたらし、ここに登場した4名の航空団本部中隊隊員で唯一、大戦の最終局面を生き延びた。

20
Fw190A-8 「黒の12と横棒」 1944年11月 プロイセン東部ノイクーレン 第51戦闘航空団本部中隊ヨハン・メーアベラー曹長
　4名のうち、しんがりを務めるメーアベラーのA-8は、1944年晩秋までに名前の記入を止めたことを物語る。航空団本部中隊に属していたあいだに12機を撃墜したメーアベラーは、1945年3月26日に撃墜され戦死した。

21
Fw190A-4 「黒の二重シェヴロンと横棒」 1942年12月ころ クラスノグヴァルデーイスク
第54戦闘航空団司令ハンネス・トラウトロフト中佐
　白色冬季迷彩に塗られた航空団司令のA-4には、すでに退色の兆しが見えるだけでなく、戦域を示す色あざやかな黄色と念入りに記入された部隊章でさらに迷彩効果が損なわれている。部隊章はトラウトロフト自らが導入を決めた「緑のハート」の航空団記章に、指揮下3個飛行隊の本拠地の市章を重ねたもので、左上は第I飛行隊のニュルンベルク、右上は第II飛行隊のヴィエナ=アスペルン、下が3機のBf109の平面シルエットを追加しているが第III飛行隊のイェーザウを示す。東部戦線においては部隊章の記入を禁ずる通達が1943年初めに出されたため、これらの記章はまもなく消された。Bf109使用部隊の多くはこの通達を無視したように見えるが、記入されていた撃墜マーキングを消すとの通達とともに、これは第54戦闘航空団では明らかに遵守されていた。トラウトロフトがなぜ飛行隊長機を示す二重シェヴロンと航空団司令機を示す横棒を組み合わせたか、その意図は不明。ほぼ3年間にわたり第54戦闘航空団の指揮を執り、戦闘機隊総監付の幕僚職に就くまでに、トラウトロフトは東部戦線で45機撃墜の戦果をあげた［彼は20機撃墜の功で1941年7月27日に騎士鉄十字章を授与された］。

22
Fw190A-4 「白のシェヴロンと横棒」 1943年8月ころ クラスノグヴァルデーイスク
第54戦闘航空団司令フベルトゥス・フォン・ボニン少佐
　上の「アントン4（フィーア）」とは対照的に、フォン・ボニンの機体は航空司令機を示す標準的な初期の記号を記入している。だが、うしろの横棒の上に小さく記入された「白の7」にも注目。この機体は一色のみの斑点迷彩で東部戦線を示す戦域標識は塗られているが、「緑のハート」は付いてない。そのため、胴体国籍標識の幅で塗られた黄帯だけ

が第54戦闘航空団を示す唯一の手掛かりとなる。なぜなら、第51戦闘航空団はすでに同様の慣習をやめて、黄帯をより一般的な胴体後部に移していたからである。

23
Fw190A-5 「白のシェヴロンと横棒」 1943年11月ころ
東部戦線中央戦区
第54戦闘航空団司令フベルトゥス・フォン・ボニン少佐
　フォン・ボニンが上よりあとの時期に使ったこの機体では、記号に小変更が加わったものの同様の迷彩に塗られている。うしろの横棒の上に小さく記入されていた「白の7」は「黒の4」に変わった。しかしどちらの番号も由来は不明。幸運のお守とは思えず、また、彼の在任中に使用した機体番号は順番がちぐはぐである。ひとつの解釈は、この当時、航空団本部中隊に所属の全機が敵を混乱させるために航空団司令記号を付けており（あいだに小さな数字を挟んでいた）、フォン・ボニンは作戦可能な機体を単に使っただけというもの。フォン・ボニンは第54戦闘航空団では戦闘行動中、敵により喪失した唯一の航空団司令であった。彼は1943年12月15日にヴィーテブスク付近で戦死。東部戦線で64機の撃墜戦果をあげていた［彼は51機撃墜の功で1942年12月21日に騎士鉄十字章を授与された］。

24
Fw190A-6 「白のシェヴロンと横棒」 1944年7月 エストニアドルパト 第54戦闘航空団司令アントン・マーダー中佐
　フォン・ボニンの後任アントン・マーダーは航空団司令記号の白のシェヴロンと横棒を引き続き使った。しかし、迷彩は北方戦区の地形に特に良く溶け込み、第1航空艦隊所属の偵察機に見られる色褪せた茶と緑という、まったく異なるものに変わった。マーダーの最終撃墜戦果は86機に達し、およそ25機は東部戦線へ移動する前の西部戦線と地中海方面で撃墜したものである［彼は40機撃墜の功で1942年7月23日に騎士鉄十字章を授与された］。

25
Fw190A-4 「黒の二重シェヴロン」 1943年1月ころ クラスノグヴァルデーイスク
第54戦闘航空団第I飛行隊長ハンス・フィリップ大尉
　白い冬季迷彩を塗られたばかりのフィリップのA-4は、戦域標識、指揮官記号、部隊章をすべて付けている。第I飛行隊所属機はこの習慣を永くは続けなかった。第76戦闘航空団に配属されていたあいだの1939年にポーランドで初撃墜を記録した「フィップス」・フィリップは200機撃墜を達成（1943年3月17日）したふたり目のパイロットだった。その2週間後、彼は西部戦線に在った第1戦闘航空団の指揮を執るため第54戦闘航空団を離れ、1943年10月8日にアメリカ軍のP-47に撃墜され戦死した。最終撃墜戦果は206機に達したが、29機以外は東部戦線で撃墜したものである［フィリップは1940年10月22日に20機撃墜の功で騎士鉄十字章を、1941年8月24日に62機撃墜の功で柏葉騎士鉄十字章を、そして1942年3月12日に82機撃墜の功で剣付柏葉騎士鉄十字章をそれぞれ授与された］。

26
Fw190A-6 「黒の二重シェヴロン」 1943年1月ころ ヴィーテブスク
第54戦闘航空団第I飛行隊長ヴァルター・ノヴォトニー大尉
　ノヴォトニーが250機撃墜を果たし、その時点（1943年10月14日）でドイツ空軍のトップ・エースとなった際の使用機。製造番号410004のこの機体はグレイ標準迷彩を2色の緑で塗りつぶしている。シェヴロンの内側に小さく記入された（以前のお気に入りの機体に関連すると信じられている）「白の8」と、コクピット側面に記入された幸運の「13」に注目。ヴァルター・ノヴォトニーは1944年2月に第I飛行隊を離れたのちに訓練部隊の指揮を執り、その後自身の名前を冠した、Me262ジェット戦闘機の実験部隊長を務めた。彼は1944年11月8日にアメリカ軍重爆撃機隊と護衛戦闘機隊との空戦後アハマーに墜落し、死亡した。最終撃

墜戦果258機のうち255機は東部戦線であげたものだが、ほかに22機の撃墜未公認があった。

27
Fw190A-8　「黒の二重シェヴロン」　1944年11月ころ
クーアランド　シュルンデン
第54戦闘航空団第I飛行隊長フランツ・アイゼナハ大尉

　最後の第I飛行隊長を務めたアイゼナハはクーアランドをめぐる戦闘が最高潮に達した時期、驚くほどよく手入れされたこの（新たに配備されたばかりの？）「アントン8」に搭乗した。この機体は簡略化した胴体国籍標識とスピナの渦巻きを含み、当時の標準迷彩に塗られている。始めは駆逐機パイロットだったアイゼナハは129機の撃墜戦果をすべて東部戦線であげた［彼は1944年10月10日に107機撃墜の功で騎士鉄十字章を授与された］。

28
Fw190A-4　「白の8」　1942年11月　クラスノグヴァルデーイスク
第54戦闘航空団第1中隊長ヴァルター・ノヴォトニー少尉

　東部戦線でだれかれとなく使われた名も無く識別不能なFw190の多くとは鮮やかな対照を示しているこの機体は、やはり出版物に採り上げられる機会が多く、ノヴォトニーが彼の中隊の300機目の撃墜戦果をあげた時の乗機である。明度を落とした（それとも単に汚れているだけか？）胴体国籍標識の白は、それ以外は標準的な白色冬季迷彩のこのA-4においては不必要な配慮と思える。

29
Fw190A-4　「白の10」　1943年春　クラスノグヴァルデーイスク
第54戦闘航空団第1中隊長ヴァルター・ノヴォトニー少尉

　1943年春の雪が解けるほどの暖かさはこのノヴォトニーが時々使ったA-4の塗装にも反映している。白色冬季迷彩を部分的に落として、飛行地域の地表にうまく溶け込む緑と白の分割塗り分けにしている。第I飛行隊章と「緑のハート」はまだ記入されたままだが、遠からず消される運命にある。

30
Fw190A-5　「白の5」　1943年6月ころ　クラスノグヴァルデーイスク
第54戦闘航空団第1中隊長ヴァルター・ノヴォトニー中尉

　ノヴォトニーがノヴァ＝ラドガ上空で100機目を撃墜した6月までに、乗機から飛行隊章も航空団記章も消された。ノヴォトニーが搭乗したこの斑点を塗られたA-5は、1943年半ば以降から第54戦闘航空団所属機に徹底された所属部隊秘匿の効果を図示している［ノヴォトニーは1942年9月4日に56機撃墜の功で騎士鉄十字章を、ちょうど1年後の1943年9月4日に189機撃墜の功で柏葉騎士鉄十字章を授与された。さらに1943年9月22日には218機撃墜の功で剣付柏葉騎士鉄十字章を、そして1943年10月19日には250機撃墜の功でダイアモンド・剣付柏葉騎士鉄十字章を授与された］。

31
Fw190A-6　「白の12」　1943年　東部戦線中央戦区
第54戦闘航空団第1中隊長ヘルムート・ヴェトシュタイン少尉

　1943年真夏のころ、第54戦闘航空団第I飛行隊所属の代表的迷彩塗装である緑2色の分割切線模様に塗られたこの機体は、ノヴォトニーのあとを継いで第1中隊長となったヴェトシュタインの乗機である。その後彼は第II飛行隊に移り大戦終結まで第6中隊長を務めた。

32
Fw190A-8　「白の1」　1944年9月ころ　ラトビア
リガ＝シュクルテ
第54戦闘航空団第1中隊長ハインツ・ヴェルニッケ少尉

　簡略化した胴体の十字と尾翼のカギ十字を付け、代表的な後期迷彩に塗られたヴェルニッケの「アントン8」は以前の2桁の機体番号を消され、その上からおどろくほどきれいに記入された機体番号だけでそれと判る。1942年春に第54戦闘航空団第I飛行隊へ配属されて以来、「ピープル」・ヴェルニッケがあげた撃墜戦果117機はすべて同飛行隊に属したあいだに撃墜したものである。彼は1944年12月27日にクーアランドで僚機と空中衝突し死亡した［ヴェルニッケは1944年9月30日に112機撃墜の功で騎士鉄十字章を授与された］。

33
Fw190A-8　「白の12」　1944年11月　クーアランド
シュルンデン
第54戦闘航空団第1中隊長ヨーゼフ・ハインツェラー中尉

　このFw190はやはり汚れた後期迷彩のA-8で、国籍標識が上の機体とは異なった形をしているが、当時の第1中隊を示すスピナーの白渦巻きは同様に塗られている。ハインツェラーは35機の撃墜戦果をあげ、大戦を生き抜いた。

34
Fw190A-3　「白の9」　1943年1月ころ　クラスノグヴァルデーイスク
第54戦闘航空団第1中隊　カール・シュネーラー曹長

　長期間ノヴォトニーの僚機を務めた「クヴァックス」・シュネーラーは1943年初めの数カ月間、冬季迷彩の「白の9」をよく使った。この機体はたまに方向舵下部に塗られることがある黄色以外は指示書どおりに国籍標識、戦域標識、それに部隊章を付けている。東部戦線における35機目の撃墜戦果をあげた、1943年11月12日に重傷を負ったシュネーラーは、傷が癒えた後にMe262ジェット戦闘機部隊に異動した。彼は第7戦闘航空団でさらに9機の4発爆撃機を撃墜したが、1945年3月30日にハンブルク上空で撃墜され、再度重傷を負った［シュネーラーは1945年3月22日に騎士鉄十字章を授与された］。

35
Fw190A-4　「白の2」　1943年春　クラスノグヴァルデーイスク
第54戦闘航空団第1中隊　アントン・デーベレ上級曹長

　やはり有名なノヴォトニー・シュヴァルムの一員だったデーベレは、雪解けの季節に適合するように冬季迷彩を一段落としたこの「白の2」に搭乗した。「緑のハート」は付けたままだが、カウリング上の飛行隊章はすでに塗りつぶされている。1943年11月11日にヴィーテブスク近くで自軍戦闘機に衝突されて起きたデーベレの死は、合計撃墜戦果524機を誇った同シュヴァルムの消滅を告げるものだった（翌日シュネーラーが負傷した）。「トニ」・デーベレの最終撃墜戦果は94機に達し、すべて東部戦線であげたものである［デーベレには1944年3月26日付で騎士鉄十字章の追贈が発令された］。

36
Fw190A-4　「白の3」　1943年7月　オリョール
第54戦闘航空団第1中隊　ペーター・ブレマー曹長

　緑色2色を使った第I飛行隊の夏期迷彩のもうひとつの例であるブレマーの「アントン4（フィーア）」は、クルスク会戦が最高潮に達した1943年7月13日に敵の戦線内に不時着し、彼は捕虜となった。それまでに東部戦線だけで40機の撃墜戦果をあげていた。

37
Fw190A-4　「黒の5」　1943年7月ころ
第54戦闘航空団第2中隊長ハンス・ゲッツ大尉

　図のゲッツのA-4は緑2色の境界をいくらかぼかした夏期迷彩の一変形を示す。第54戦闘航空団の東部戦線に在った飛行隊の2番目の中隊（2./JG54と5./JG54）では、従来標準とされてきた赤でなく、黒で機体番号を記入したことに注目。赤の使用は（同様の動きが太平洋方面の連合軍でもあったが）敵軍の国籍標識との無用の混乱を防ぐために禁止されたのである。1940年1月に第54戦闘航空団第2中隊へ配属され、東部戦線に移動するまではまったく芽が出なかったゲッツは、そこで

（100頁に続く→）

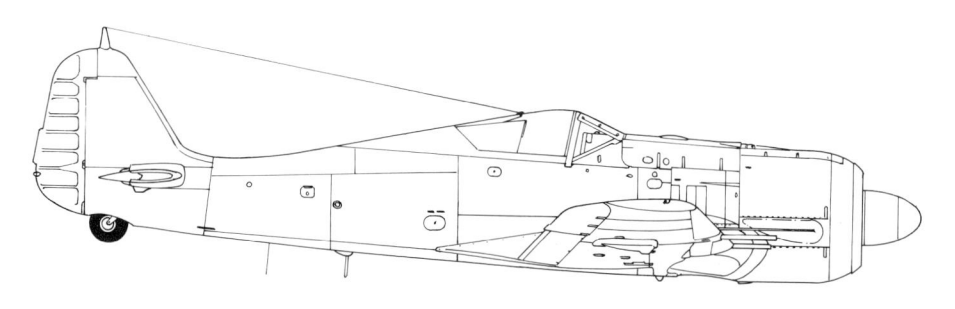

フォッケウルフFw190A-6左側面、
上面、下面および前面図

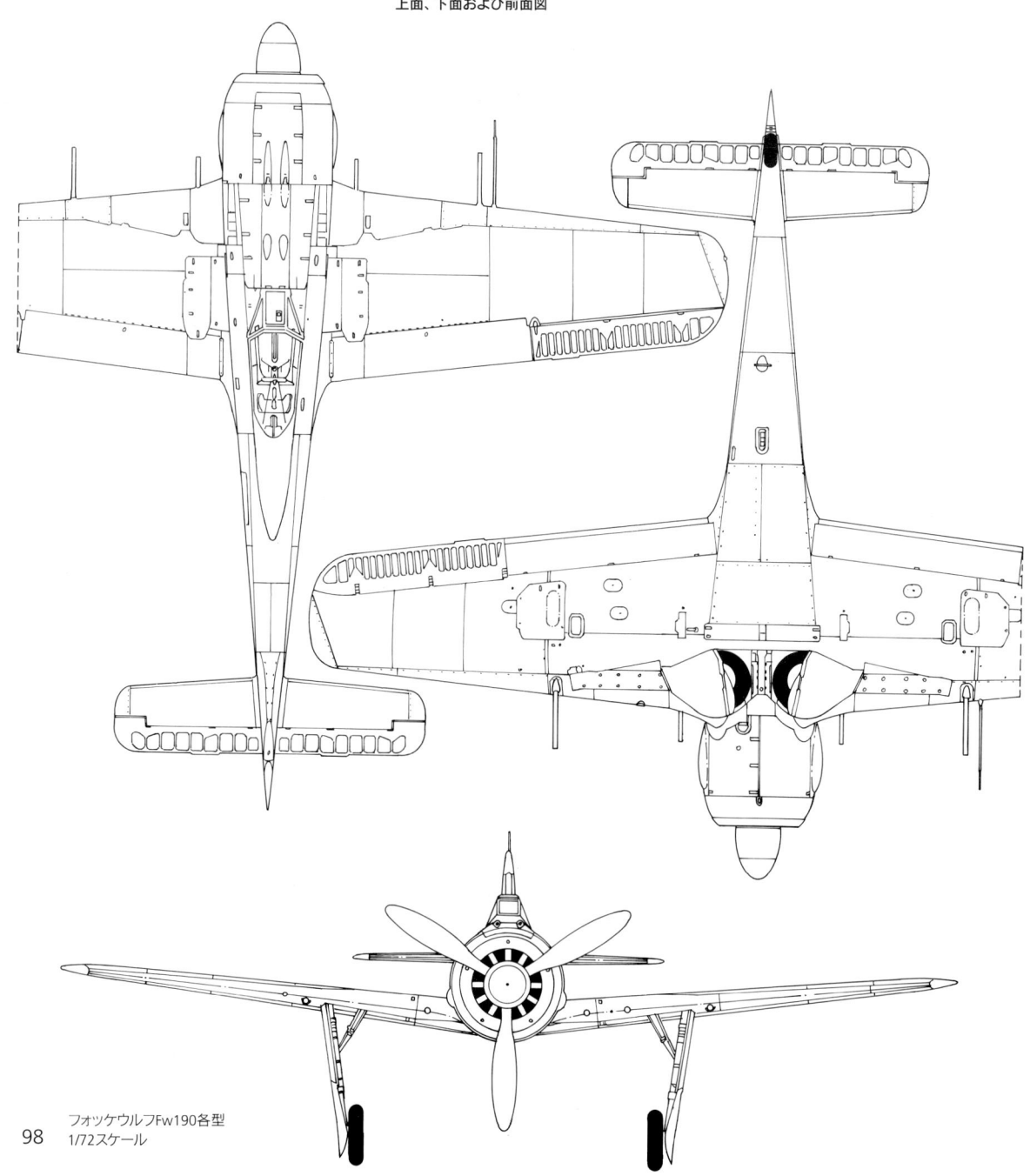

フォッケウルフFw190各型
1/72スケール

Fw190A-6

Fw190A-3

Fw190A-4

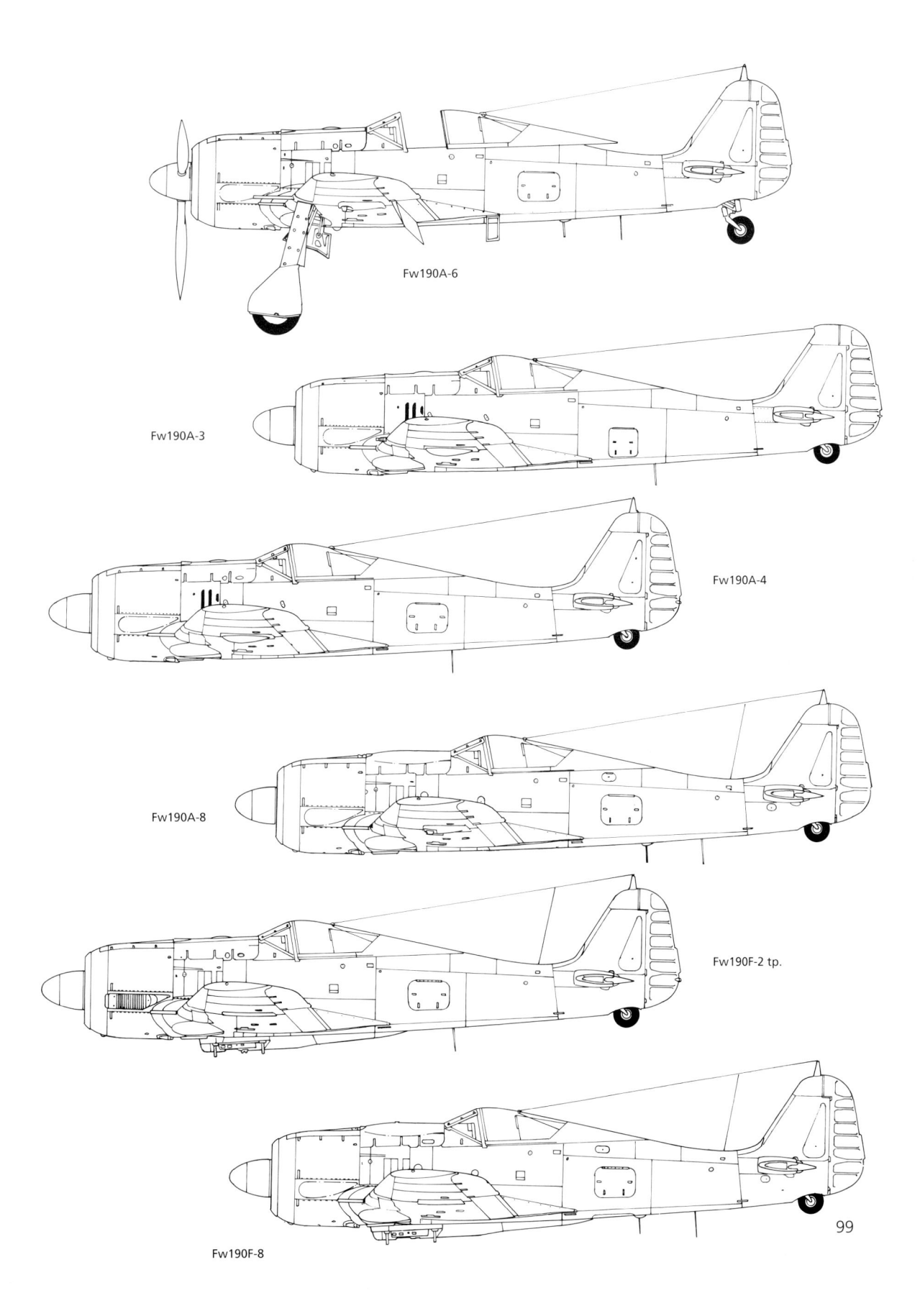

Fw190A-8

Fw190F-2 tp.

Fw190F-8

99

1943年8月4日に戦闘行動中行方不明となるまでに、82機撃墜の戦果すべてをあげた［彼は1942年12月23日に48機撃墜の功で騎士鉄十字章を授与された］。

38
Fw190A-4 「黒の11」 1943年2月 クラスノグヴァルデーイスク
第54戦闘航空団第2中隊　ハンス＝ヨアヒム・クロシンスキ曹長
　冬季迷彩のA-4に戻ると、この機体は使用と退色の顕著なしるしがうかがえる。長期間第Ⅰ飛行隊員だったクロシンスキは、1944年12月24日にクールランドでの空戦で負傷するまでに、ソ連軍機75機の撃墜に加え、西部戦線で教官を務めていたあいだにアメリカ軍爆撃機1機を撃墜した［12月24日の空戦で両目を失明し右足を失う重傷を負ったクロシンスキは、1945年4月17日に騎士鉄十字章を授与された］。

39
Fw190A-6 「黄の5」 1944年8月ころ リガ＝シュクルテ
第54戦闘航空団第3中隊　オットー・キッテル中尉
　東部戦線での所属部隊秘匿の効果を維持したこの機体には、第54戦闘航空団でもっとも成功したパイロットの乗機を示すものは何もない、ただのA-6である。目立たないオットー・キッテルは東部戦線で3年半におよぶ前線勤務期間を「緑のハート」航空団に属していた。Bf109を使っていた初期に40機以上を撃墜したが、最終撃墜数267機の大半はフォッケウルフで記録し、彼を東部戦線におけるFw190の最高位エースたらしめた。キッテルは1945年2月14日にクーアランド上空で多くのFw190がやられた、シュトゥルモヴィクに撃墜され戦死した［彼は1943年10月29日に123機撃墜の功で騎士鉄十字章を、1944年4月14日に152機撃墜の功で柏葉騎士鉄十字章を、そして1944年11月25日には約230機撃墜の功で剣付柏葉騎士鉄十字章をそれぞれ授与された］。

40
Fw190A-5 「黄の8」 1943年6月ころ オリョール
第54戦闘航空団第3中隊　ロベルト・ヴァイス少尉
　以前は西部戦線のJG26隊員だった「バツィ」・ヴァイスは、本土防衛の任に当たる第54戦闘航空団第Ⅲ飛行隊の指揮官として戻るまでの約2年間を東部戦線で過ごしたが、1944年12月29日にドイツ・オランダ国境近くでスピットファイアに撃墜され戦死した。最終撃墜数121機のうち90機は東部戦線で撃墜したものであり、図は他のFw190と同様に緑2色の迷彩塗装が施されたヴァイスの乗機である［ヴァイスは1944年3月26日に70機撃墜の功で騎士鉄十字章が授与され、戦死後1945年3月12日付で柏葉騎士鉄十字章の追贈が発令された］。

41
Fw190A-6 「黒の二重シェヴロン」 1944年6月 フィンランド
インモラ　第54戦闘航空団第Ⅱ飛行隊長エーリヒ・ルドルファー少佐
　指揮下の第Ⅱ飛行隊が短期間だけフィンランドに展開していた時期の塗装を示す斑点が塗られたルドルファーのA-6には、細い縁どりが付いた飛行隊長のシェヴロンの内側に小さな「黒の1」と、国籍標識のうしろに第Ⅱ飛行隊を示す縦棒が記入されている。スピナーの渦巻きと明るい色に塗られた尾翼に注目。キッテル、ノヴォトニーに次ぐ第54戦闘航空団部隊内第3位のエースであるルドルファーは、総撃墜数222機のうち136機を東部戦線でFw190によって撃墜した。物静かそうな風貌とは裏腹にルドルファーの戦歴は波乱に富み、大戦終結直前にはMe262で12機を撃墜している［彼は1941年5月1日に19機撃墜の功で騎士鉄十字章を、1944年4月11日に130機撃墜の功で柏葉騎士鉄十字章を、そして1945年1月25日に210機撃墜の功で剣付柏葉騎士鉄十字章をそれぞれ授与された］。

42
Fw190A-6 「黒の5」 1943年晩春 シヴェルスカヤ
第54戦闘航空団第5中隊　マックス・シュトッツ中尉
　冬季迷彩を落としたばかりの第Ⅱ飛行隊機の多くには、タンあるいは茶と緑2色を使った特徴的な新しい迷彩が塗られた。黒い機体番号だけでなく、航空団と飛行隊の記章をまだ両方とも付けていることに注目。1943年夏にシュトッツは第5中隊長に任じられたが、その後まもなく8月19日にはヴィエブスク近くで戦闘任務中に行方不明となった。総撃墜数189機のうち16機以外は第Ⅱ飛行隊に所属していた間に撃墜したものである［シュトッツは1942年6月19日に53機撃墜の功で騎士鉄十字章を、また1942年10月30日には100機撃墜の功で柏葉騎士鉄十字章を授与された］。

43
Fw190A-6 「黒の7」 1943年夏 東部戦線北方戦区
第54戦闘航空団第5中隊　エミール・ラング少尉
　第54戦闘航空団第Ⅱ飛行隊が使用した塗料が正式な砂漠迷彩用サンドかどうかは未だに確認されてないが、ラング機はそれがすぐに色あせることを示している。上の「黒の5」と比較すると、こちらの方が明るい色である。いまやすべての部隊章が消されていることに注目。「ブリ」・ラングの最終撃墜数は173機に達し、そのうち25機は西部戦線で第26戦闘航空団第Ⅱ飛行隊長を務めていたあいだに撃墜したもの。彼はベルギーで1944年9月3日にP-47に撃墜され戦死した［ラングは1943年11月22日に119機撃墜の功で騎士鉄十字章を、また1944年4月11日には144機撃墜の功で柏葉騎士鉄十字章を授与された］。

44
Fw190A-4 「黒の12」 1943年5月ころ シヴェルスカヤ
第54戦闘航空団第5中隊　ノルベルト・ハニヒ士官候補生
　第54戦闘航空団第Ⅱ飛行隊の明るい茶と緑2色を使った夏期迷彩のもうひとつの実例は、第5中隊の「黒の12」である。以前記入されていた部隊章を消した痕跡さえないところから、つい最近補充された機体と思われる。

45
Fw190A-4 「黄の6」 1943年2月 リェルビツィ
第54戦闘航空団第6中隊長ハンス・バイスヴェンガー中尉
　代表的冬季迷彩に塗られた例の最後に示すこの機体には、過酷な使用状況を示す汚れと錆が現れている。1940年秋に第Ⅱ飛行隊へ配属され、1942年8月10日からは第6中隊長を務めたバイスヴェンガーは、総撃墜数152機のほとんどすべてをBf109で撃墜した。彼がFw190に搭乗していた期間は短く、1943年3月6日にイリメニ湖上空で行方不明となる直前の数週間だけであった［バイスヴェンガーは1942年5月9日に47機撃墜の功で騎士鉄十字章を、また1942年9月30日には100機撃墜の功で柏葉騎士鉄十字章を授与された］。

46
Fw190A-9 「黄の1」 1945年2月 クーアランド
リバウ＝クロビン
第54戦闘航空団第6中隊長ヘルムート・ヴェトシュタイン大尉
　第54戦闘航空団第1中隊長を務めたのち（図版31を参照）、ヴェトシュタインは第6中隊長として敗戦を迎えた。ここに示す濃密な斑点に塗られた彼の「アントン9（ノイン）」は、簡略化された国籍標識が記入された時期の代表例である。ヘルムート・ヴェトシュタインは1944年10月15日にクーアランド上空で第54戦闘航空団にとって8000機目の撃墜を記録し、彼自身の最終撃墜数は43機に達した。

47
Fw190A-8 「黄の1」 1945年1月ころ クーアランド
リバウ＝クロビン　第54戦闘航空団第7中隊長ゲルト・ティベン少尉
　やはり末期迷彩塗装で簡略化された国籍標識が記入されたこの機体は、それでもスピナーに細かいピッチで塗られた渦巻きが引き立てている。最初にティベンは南部ロシアに展開した第3戦闘航空団に配属され、その後1944年4月に第54戦闘航空団第Ⅱ飛行隊へ着任した。大

戦終結まで第7中隊長を務め、東部戦線だけで152機を撃墜、また西部戦線では5機を撃墜した。彼が1945年5月8日に撃墜した最後の敵機は、第54戦闘航空団が第二次世界大戦中に撃墜した9500機近い撃墜記録の最後を飾るものであった[ティベンは1944年12月6日に116機撃墜の功で騎士鉄十字章を、また1945年4月8日には柏葉騎士鉄十字章を授与された]。

48
Fw190A-4 「黄の2」 1943年3月ころ
第54戦闘航空団第6中隊 ハインリヒ・シュテアー上級曹長

　春の雪解け時期になると、第Ⅱ飛行隊もまた白色冬季迷彩を部分的に落とし、下の緑2色の迷彩をあらわにする。しかし時にはさらに迷彩効果を増すため、機体の輪郭を崩す目的で黒い斑点を付け加えることもあった。シュテアーはロベルト・ヴァイスと同じ（バイエルン、オーストリア地方の方言でいたずら者という意味の）「バツィ」という愛称で呼ばれ、第54戦闘航空団第Ⅱ飛行隊には1942年に配属された。彼は本土防空に当たっていた第Ⅳ飛行隊へ1944年秋に異動するまでに127機撃墜の戦果をあげ、そのほとんどをFw190を使って撃墜した。シュテアーは1944年11月26日にフェルデンへ着陸の際、P-51に撃墜され戦死した[シュテアーは1943年12月5日に86機撃墜の功で騎士鉄十字章を授与された]。

49
Fw190A-8 「白の3」 1944年夏 ポーランド レムベルグ（ルオウ）
第54戦闘航空団第10中隊長カール・ブリル中尉

　本土防空に当たるため新たにA-8を装備した第54戦闘航空団第Ⅳ飛行隊は、1944年夏に突然東部戦線への移動を命じられた。「白の3」はその当時の塗装を示している。カウリングの飛行隊章は第54戦闘航空団の伝統にのっとり、様式化したケーニヒスベルク市章を「緑のハート」の上に描いたものである。操縦席側面のナバホ・インディアンの頭は第10中隊（のちに第54戦闘航空団第13中隊と改称）章である。ブリルの総撃墜数は34機だが、東部戦線で何機撃墜したかは不明。

50
Fw190F-2 「黒のシェヴロンと横棒」 1943年夏 ヴァルヴァロヴカ
第1地上攻撃航空団司令アルフレート・ドゥルシェル少佐

　Fw190を装備した最初の地上攻撃航空団の指揮官として、ドゥルシェルはこのきわめて綺麗な状態に保たれたF-2に通常の航空団司令機を示す二重シェヴロン（でなく、戦前の戦闘航空団司令機を示す記号を記入している。彼は東部戦線のスターリングラード、クルスク、クリミアなどで約800回の地上攻撃任務をこなし、その間にエースとなるに充分なほどの撃墜戦果をあげたが、正確な撃墜数は不明である。地上攻撃機隊総監付の幕僚職を1年以上務めたのちに、1944年12月に西部戦線のSG4航空団司令として第一線に復帰したが、ほどなくアルデンヌ攻勢の最中の1945年元旦に実施されたボーデンプラッテ作戦で、連合軍基地の攻撃に向う途中、行方不明となった。それ以来現在に至るまで彼の消息は不明である[ドゥルシェルは1941年8月21日に200回出撃と7機撃墜の功で騎士鉄十字章を、1942年9月3日に600回出撃の功で柏葉騎士鉄十字章を、そして1943年2月19日には700回以上出撃の功で剣付柏葉騎士鉄十字章を授与された]。

51
Fw190F-2 「黒の二重シェヴロン」 1943年2月ころ ハリコフ
第1地上攻撃航空団第Ⅰ飛行隊長ゲオルグ・デアフェル大尉

　第1世代のFw190地上攻撃航空団において、指示書通りに初期のマーキングが記入されたデアフェルのF-2には、飛行隊長を示す二重シェヴロンと地上攻撃部隊を示す黒い三角形が付いている。あとの方の記号はHs123飛行隊が使っていた1930年代後半にまで遡る由来をもつ。第1地上攻撃航空団（Sch.G.1）ではこの三角形の記入位置で各飛行隊を区別しており、第Ⅰ飛行隊は国籍標識の前方に記入し（そのためデアフェル機の場合はシェヴロンを、他の機体では機体記号を胴体後部に記入した）、第Ⅱ飛行隊は国籍標識の後方に記入した。「オルゲ」・デアフェルは東部戦線で30機を撃墜した。のちにイタリアでSG4、第4地上攻撃航空団司令を務めていた1944年5月26日に、ローマ北西で戦死した[彼は1941年8月21日に200回以上出撃の功で騎士鉄十字章を、1943年4月14日には600回以上出撃の功で柏葉騎士鉄十字章を授与された]。

52
Fw190F-2 「黒のシェヴロン」 1943年7月 ヴァルヴァロヴカ
第1地上攻撃航空団第5中隊長カール・ケネル中尉

　ケネル機は黒い三角形記号をやめ、戦闘機隊が使ったのと同じシステムに修正されたことを示す。第Ⅰ飛行隊は国籍標識の後方に記号を何も記入せず、第Ⅱ飛行隊は横棒を記入した。しかし共通なのはそこまでで、各中隊長機は黒のシェヴロンを、それ以外の中隊機は数字でなくアルファベットを白、黒、緑という各中隊色で記入した（戦闘機隊と同様に、敵の国籍標識と見間違えないように、赤はやはり使われなかった）。ケネルは最終撃墜数34機をもって大戦を生き抜き、戦果は3機を除いて東部戦線であげている。

53
Fw190F-2 「白のA」1943年5月ころ ウクライナ
第1地上攻撃航空団第6中隊 フリッツ・ザイファルト少尉

　ザイファルトのF-2は、Bf109からFw190に転換後、東部戦線に復帰した第6中隊に当初適用され、のちに緑に変更される前の白でアルファベットが記入されている。のちに第2地上攻撃航空団第5中隊（5./SG2）へ異動したザイファルトは、ドイツ国内に後退した第151地上攻撃航空団第12中隊（12./SG151）長として敗戦を迎えた。彼の総撃墜数は30機に達したが、多数のシュトゥルモヴィクが含まれている[ザイファルトは1944年8月8日に470回出撃の功で騎士鉄十字章を授与された]。

54
Fw190F-2 「黒のT」 1943年9月 南方戦区
第1地上攻撃航空団第8中隊 オットー・ドメラツキ上級曹長

　Fw190とHs129を装備し、半ば自立して作戦を遂行した第1地上攻撃航空団第8中隊（8./Sch.G.1）に属したドメラツキは、この1943年秋のキエフ地方に適したとはいえない、濃密な斑点迷彩の機体で出撃した。のちに第2地上攻撃航空団第6中隊（6./SG2）へ異動したドメラツキは、1944年10月13日にチェコスロヴァキア上空でアメリカ軍戦闘機に撃墜されるまでに、およそ38機を撃墜した[ドメラツキには1944年11月25日付で騎士鉄十字章の追贈が発令された]。

55
Fw190D-9 「黒のシェヴロンと横棒」 1945年4月 グロッセンハイン
第2地上攻撃航空団司令ハンス＝ウールリヒ・ルーデル大佐

　ドイツ三軍の軍人としては最高位の勲章を授与されたルーデル（ダイアモンド・剣付金柏葉騎士鉄十字章の唯一の佩用者であった）は、東部戦線においてJu87を駆っての戦歴が伝説化している。彼の部隊は他の地上攻撃航空団がFw190に機種転換したあともJu87の対戦車攻撃型を使い続けた。しかし、大戦終結直前の段階になると彼もまた単座機で作戦出動した。SG2航空団本部に配備された数機のうち、ここに示した航空団司令機のD-9には古いマーキングを塗りつぶしてその上から、彼が以前使っていたJu87Gと同じ司令記号を記入している。戦艦1隻、巡洋艦1隻、駆逐艦1隻、上陸用舟艇70隻以上を撃沈、戦車500両以上、非装甲軍用車両800台以上を撃破、砲兵陣地150カ所以上、装甲列車4編成、さらにおびただしい数の橋を破壊、というルーデルの絢爛たる武勲のなかにあっては9機撃墜の功も影が薄い。

56
Fw190F-2 「黒の二重シェヴロン」 1944年4月
クリミア半島カランクート

第2地上攻撃航空団第Ⅱ飛行隊長ハインツ・フランク少佐

　飛行隊長機を示す標準的な黒の二重シェヴロンを国籍標識の前方に、後方には横棒を記入したこの真新しそうにに見えるF-2は、ハインツ・「アラン」・フランクの乗機である。フランクはHs123で出撃したポーランド、フランス侵攻時から遡る軍歴の長い地上攻撃機パイロットだった。彼は暴発した拳銃弾を腰に受け、その傷がもとで1944年10月7日に収容された病院で死亡した。最終撃墜数は8機。［フランクは1942年9月3日に500回以上出撃と4機撃墜の功で騎士鉄十字章を、1943年1月8日には700回以上出撃の功で柏葉騎士鉄十字章を授与された］。

57
Fw190F-9 「黒の二重シェヴロンと2」 1944年12月ころ
ハンガリー　ベルゲンド
第2地上攻撃航空団第Ⅱ飛行隊長カール・ケネル少佐

　大戦終結9カ月前に、第1地上攻撃航空団第5中隊長から第2地上攻撃航空団第Ⅱ飛行隊長に昇格したケネルのF-9は、1944年から45年にかけての冬に迷彩が演じた重要性を図示している。地上攻撃機のパイロットはもはや、空中以上ではないにしろ同程度で、地上にいるあいだも連合軍戦闘機に殺戮される危険性が高まった。機首の装甲リング部分が暗い色で塗られている意図は不明（単にほかの機体と交換したのかもしれない）だが、左翼下面から上面の前縁にかけて記入された黄色いシェヴロンは、ハンガリー内を基地とするFw190やJu87に等しく見られた標準戦域標識である［ケネルは1943年9月19日に約500回出撃と28機撃墜の功で騎士鉄十字章を、また1944年11月25日には約800回出撃の功で柏葉騎士鉄十字章を授与された。なお左翼下面のシェヴロンは前後逆が正しく、1944年秋から翌年春にかけて第4航空艦隊麾下の作戦機にだけ適用された戦域標識である］。

58
Fw190F-8 「黒のシェヴロン」 1944年6月
ルーマニア　ツィリステア
第2地上攻撃航空団第4中隊長ヘルマン・ブーフナー少尉

　やはり酷使されたF-8であるブーフナーの「白のL」には、第54戦闘航空団第10中隊で使われたインディアンの頭部とよく似たマーキングが記入されている（図版49参照）が、こちらは1944年夏に第2地上攻撃航空団第4中隊（4./SG2）長を務めていた時期に使われた、純粋に個人的なマーキングである。ブレックマンの指揮により非常に成功した第6中隊の隊員だったブーフナーは、第2地上攻撃航空団のシュトゥーカの護衛任務を数多く遂行し、1944年秋にMe262部隊へ異動するまでに46機の撃墜戦果をあげた。本土防空戦を戦った第7戦闘航空団第Ⅲ飛行隊では、さらに12機のアメリカ軍重爆撃機を撃墜した［ブーフナーは1944年7月20日に46機撃墜と約600回出撃の功で騎士鉄十字章を授与された］。

59
Fw190A-5 「黒のG」 1943年後半　南方戦区
第2地上攻撃航空団第5中隊　アウグスト・ランベルト上級曹長

　この機体はいくらか退色が進み、地上攻撃機パイロットのなかではもっとも成功した人物の乗機にしては目立たない。1944年のクリミア戦役においてランベルトの撃墜戦果は急上昇し、3週間におよぶセヴァストポリ攻防の期間だけでもなんと20機から90機に増えている。ランベルトは教育職にしばらく就いたあとで、大戦終結の数週間前に第77地上攻撃航空団第8中隊（8./SG77）長として前線に復帰。1945年4月17日に乗機「黒の9」がドレスデン付近でP-51に撃墜されランベルトは戦死した。最終撃墜戦果116機の記録はほかのどの地上攻撃機パイロットをも凌いだ［彼は1944年5月14日に90機撃墜と約300回出撃の功で騎士鉄十字章を授与された］。

60
Fw190F-8 「黒のシェヴロンと緑のH」 1944年5月
ルーマニア　バカウ

第2地上攻撃航空団第6中隊長ギュンター・ブレックマン大尉

　ブレックマンのF-8はある本によると機体記号の前方に中隊長のシェヴロンを記入されている。1年以上も第2地上攻撃航空団第6中隊（6./SG2）を指揮してきたブレックマンは、ときには第Ⅱ飛行隊長代理も務めた。第2地上攻撃航空団に残されたJu87の護衛任務を数えきれないほど遂行し、ブレックマンの撃墜戦果が27機に達した1944年6月4日に、やはり同じ任務から帰還する途中で乗機が火を吹き、ルーマニアのヤシィ南に墜落し死亡した［ブレックマンには1944年6月9日付で騎士鉄十字章の追贈が発令された］。

パイロットの軍装　解説
figure plates

1
東部戦線でFw190に搭乗したパイロットの最高位エースとなった
第54戦闘航空団第3中隊（3./JG54）のオットー・キッテル上級曹長
1944年初頭　北方戦区

　キッテルは襟に毛皮が付いた冬用のワンピース型飛行服を着用し、標準官給品の毛皮の帽子を被っている。飛行服上部から斜めに走る着脱用ジッパーに注目。

2
地上攻撃機パイロットの最高位エースとなった、
第2地上攻撃航空団第5中隊（5./SG2）のアウグスト・ランベルト少尉
1944年初頭

　ランベルトは黒い革製のツーピース型飛行服を着ているが、これは大戦後半に多くの戦闘機、地上攻撃機パイロットに好まれたものである。彼はズボンの裾を標準官給品の長靴の中に入れており、ヴァルターPPピストルとコンパスをベルトの脇に付けている。あっさりした模様の絹のスカーフを首に巻いているが、1944年夏には騎士鉄十字章がこれに代わることになる。

3
第54戦闘航空団（JG54）司令を長期間務めた
ハンネス・トラウトロフト中佐
1943年秋

　トラウトロフトは、熊のようながっしりした体格で190cmを超える長身のため、第54戦闘航空団のほとんどのパイロットよりも頭と肩が抜きんでていた。この図ではお気に入りの毛皮の襟がついたレザー・ジャケットを着て、士官用の膝の上で絞ったズボンと膝までとどく長靴を履いている。ジャケットからは騎士鉄十字章と襟の階級章が覗いている。

4
軽い夏用制服を着た第2地上攻撃航空団第4中隊（4./SG2）の
ヘルマン・ブーフナー上級曹長
1944年春

　ブーフナーが着ているのは、冬期の東部戦線で着用された粋な皮の飛行服とジャケットに代わって、暑い夏用のあっさりした軽くて丈の短い上着と膝の上で絞ったズボンである。袖には格好が似ていることから「口髭」と呼ばれた上級曹長の階級章が付き、1943年型戦闘帽を被っている。ブーフナーは東部戦線で600回以上の出撃をこなし、エースとして大戦終結まで戦い抜いた［ブーフナーは東部戦線で611回出撃後、大戦末期にはMe262で20回出撃し総計58機を撃墜したが、自身も5回撃墜された］。

5
愛機に向う、もっとも有名なFw190パイロットの
ヴァルター・ノヴォトニー
1943年10月

　この図は撃墜数250機の大台に到達した最初のパイロットとして、ド

イツ空軍では戦う伝説と化した1943年10月ころのノヴォトニー中尉を示す。彼は軽い夏用シャツの袖をまくり上げずに着用し、30／1型パラシュートとハーネスを付け、皮の膝当てを付けた有名な「勝利のズボン」を履いている。こうした服装や装備は彼が1941年7月にバルト海に不時着水して以来、出撃の際には必ず身に付けたものである。かつて海水に漬かり鉄条網で破れた、膝の上で絞ったズボンの裾を新形の長靴に入れている。頭頂部がネットの軽量飛行帽を被り、胸元の剣付柏葉騎士鉄十字章のすぐ上には、標準支給品でFw190パイロットに好まれた咽喉マイクが見える。彼の背後に垂れているのはマイクのハーネスである。

6
第51戦闘航空団(JG54)隊員だった間に189機の撃墜戦果をあげた、ヨアヒム・ブレンデル中尉の出撃の合間の姿
1944年春

ブレンデルはノヴォトニーと同様の服装をしているが、ズボンはダブダブで膝ポケットが付いた飛行服である。彼もまた1943年型の柔らかな戦闘帽を被っている。イラストで紹介したほかの5人とは異なり、ブレンデルは締めひも付きの靴を履いている。また黒いネクタイを結んだ上に騎士鉄十字章を付けている。

◎著者紹介｜ジョン・ウィール　John Weal
英国の航空誌「Air Enthusiast」のスタッフ画家として数多くのイラストを発表。ドイツ機に強い関心をもち、本シリーズのほか、同じくオスプレイ社の"Combat Aircraft"シリーズでJu87シュトゥーカの戦歴に関する2冊の著作をものしている。

◎日本語版監修者紹介｜渡辺洋二（わたなべようじ）
1950年愛知県名古屋市生まれ。立教大学文学部卒業。雑誌編集者を経て、現在は航空史の研究・調査と執筆に携わる。主な著書に『本土防空戦』『局地戦闘機雷電』『首都防衛302空』（上・下）『ジェット戦闘機Me262』（以上、朝日ソノラマ刊）。『航空ファン イラストレイテッド 写真史302空』（文林堂刊）、『重い飛行機雲』『異端の空』（文藝春秋刊）、『陸軍実験戦闘隊』『零戦戦史「進撃篇」』（グリーンアロー出版社刊）など多数。訳書に『ドイツ夜間防空戦』（朝日ソノラマ刊）などがある。

◎訳者紹介｜阿部孝一郎（あべこういちろう）
1948年新潟県三条市生まれ。東京理科大学工学部機械工学科卒業。電気会社に約23年間勤めたのち、退職。現在は航空機技術史研究家。『スケール アヴィエーション』（大日本絵画刊）誌上で、メッサーシュミットBf109のF型、最後期型であるK-4/G-10と、フォッケウルフFw190D型についての研究を発表。訳書に『メッサーシュミットのエース 北アフリカと地中海の戦い』（大日本絵画刊）がある。

オスプレイ・ミリタリー・シリーズ
世界の戦闘機エース **9**

ロシア戦線のフォッケウルフFw190エース

発行日	2001年5月10日　初版第1刷
著者	ジョン・ウィール
訳者	阿部孝一郎
発行者	小川光二
発行所	株式会社大日本絵画 〒101-0054 東京都千代田区神田錦町1丁目7番地 電話：03-3294-7861 http://www.kaiga.co.jp
編集	株式会社アートボックス
装幀・デザイン	関口八重子
印刷/製本	大日本印刷株式会社

©1995 Osprey Publishing Limited
Printed in Japan
ISBN4-499-22744-5 C0076

FW190 Aces of the Russian Front
John Weal
First published in Great Britain in 1995, by Osprey Publishing Ltd, Elms Court, Chapel Way, Botley, Oxford, OX2 9LP. All rights reserved.
Japanese language translation ©2001 Dainippon Kaiga Co., Ltd.

ACKNOWLEDGEMENTS
Osprey duly acknowledge the assistance of *Herrn* Norbert Hannig and *Oberst i.R.* Hermann Buchner, as well as the published works of Fritz Kreitl (*Tank Busting in Russia*), Heinz J Nowarra (*The Focke-Wulf190, A Famous German Fighter*), Rodolf Nowotny (*Walter Nowotny – Tiger vom Wolchowstroj*), Alfred Price (*Focke-Wulf 190 at War*) and Jay P Spencer (*Focke-Wulf Fw 190: Workhorse of the Luftwaffe*) in the preparation of this manuscript.